毎年出る！

センバツ**40**題

森谷慎司 著

理系数学

標準レベル

[数学 I・A・II・B・III]

別冊
問題

旺文社

毎年出る!

センバツ**40**題

森谷慎司 著

理系数学
標準レベル

［数学Ⅰ・A・Ⅱ・B・Ⅲ］

別冊問題

旺文社

問題　目次

4

□ **0-1** ⏱25分　解答は本冊 P.4

次の極限値を求めよ。

(1) $\displaystyle\lim_{n\to\infty}\frac{(n+1)(2n+1)}{n^2+1}$

(2) $\displaystyle\lim_{n\to\infty}(\sqrt{n^2+3n+2}-n)$ （成蹊大）

(3) $\displaystyle\lim_{n\to\infty}\frac{2^n+4^n}{3^n+4^n}$ （東京電機大）

(4) $\displaystyle\lim_{x\to\frac{\pi}{4}}\frac{\sin x-\cos x}{x-\dfrac{\pi}{4}}$

(5) $\displaystyle\lim_{x\to0}\frac{x^2(-\sin x+3\sin 3x)}{\tan x(\cos x-\cos 3x)}$

(6) $\displaystyle\lim_{x\to\infty}x\{\log(x+2)-\log x\}$

(7) $\displaystyle\lim_{x\to0}\frac{e^{x\sin 3x}-1}{x\log(x+1)}$

(8) $\displaystyle\lim_{x\to0}\frac{\cos(a+x)-\cos a}{\sqrt[3]{a+x}-\sqrt[3]{a}}$

［類題出題校：茨城大，東海大，立教大］

□ **0-2** ⏱20分　解答は本冊 P.7

(1) 次の関数の導関数を求めよ。

　(ⅰ) x^3e^{-x} （広島市立大）

　(ⅱ) $\dfrac{\cos x}{1+\sin x}$ （広島市立大）

　(ⅲ) $\log(x+\sqrt{x^2+1})$ （成蹊大・改）

　(ⅳ) $x^{\frac{1}{x}}\ (x>0)$ （小樽商科大・改）

(2) $\sqrt{x}+\sqrt{y}=1\ (x>0,\ y>0)$ において，$\dfrac{dy}{dx}$ を x を用いて表せ。

(3) $x=\sin y\left(-\dfrac{\pi}{2}<y<\dfrac{\pi}{2}\right)$ において，$\dfrac{dy}{dx}$ を x を用いて表せ。

(4) 媒介変数表示 $x=1-\cos\theta,\ y=\theta-\sin\theta$ によって定められる x と y について，$\dfrac{dy}{dx}$，

$\dfrac{d^2y}{dx^2}$ を θ で表せ。 （東京理科大）

［類題出題校：茨城大，東京都市大，宮崎大］

テーマ 0-3 | 積分思い出し

□ 0-3　　　　　　　　　　　　　　　　　　20分　解答は本冊 P.11

(1) 不定積分 $\displaystyle\int 8^{2-x}dx$ を求めよ。（静岡理工科大）　(2) 不定積分 $\displaystyle\int\frac{dx}{\tan x}$ を求めよ。（静岡理工科大）

(3) 定積分 $\displaystyle\int_1^e\frac{\sqrt{1+\log x}}{x}dx$ を求めよ。ただし，e は自然対数 $\log x$ の底とする。　（武蔵工業大）

[類題出題校：会津大，京都産業大]

(4) 定積分 $\displaystyle\int_1^8 e^{-\sqrt{x}}dx$ を求めよ。　（浜松医科大）

(5) 定積分 $\displaystyle\int_1^3 x^2(\log x)^2 dx$ を求めよ。ただし，対数は自然対数である。　（福島県立医科大）

(6) 定積分 $\displaystyle\int_0^2 x\sqrt{2-x}\,dx$ を求めよ。　（福岡大）

(7) $\displaystyle\frac{1}{x(x-3)}=\frac{a}{x}+\frac{b}{x-3}$ を満たす実数 a, b を求めよ。また，定積分 $\displaystyle\int_1^2\frac{dx}{x(x-3)}$ を求めよ。

（東海大）

[類題出題校：福島大，滋賀県立大，宮崎大]

(8) 定積分 $\displaystyle\int_0^{\frac{\pi}{4}}\frac{x}{\cos^2 x}dx$ を求めよ。（広島市立大）　(9) 定積分 $\displaystyle\int_0^{\frac{2}{3}}\cos^3\frac{\pi x}{2}dx$ を求めよ。　（明治大）

テーマ 1 | r^n の極限

□ 1　　　　　　　　　　　　　　　　　　25分　解答は本冊 P.20

a, b を $a>b>0$ を満たす定数とし，
$$\begin{cases} a_1=a, & a_{n+1}=a_n{}^2+b_n{}^2 \quad (n=1,\ 2,\ 3,\ \cdots\cdots) \\ b_1=b, & b_{n+1}=2a_nb_n \quad (n=1,\ 2,\ 3,\ \cdots\cdots) \end{cases}$$
で定義される数列 $\{a_n\}$, $\{b_n\}$ を考える。次の問いに答えよ。

(1) 数列 $\{c_n\}$ を $c_n=a_n+b_n$ $(n=1,\ 2,\ 3,\ \cdots\cdots)$ により定義するとき，その一般項 c_n を a, b を用いて表せ。

(2) 数列 $\{a_n\}$, $\{b_n\}$ の一般項 a_n, b_n を a, b を用いて表せ。

(3) 極限値 $\displaystyle\lim_{n\to\infty}\frac{b_n}{a_n}$ が存在するかどうかを調べ，存在する場合はその値を求めよ。

(4) 無限級数 $\displaystyle\sum_{n=1}^{\infty}a_n$ が収束するとき，$a+b<1$ が成り立つことを証明せよ。　（長崎大）

[類題出題校：福島大，関西学院大，山口大]

テーマ 2 | 無限級数

2  解答は本冊 P.23

(1) すべての正の数 x について，次の式が成り立つように定数 A, B を定めよ。

$$\frac{x+3}{x(x+1)} = \frac{A}{x} + \frac{B}{x+1}$$

(2) $a_n = \dfrac{n+3}{n(n+1)} \left(\dfrac{2}{3}\right)^n$ $(n=1, 2, 3, \cdots\cdots)$ のとき，$\displaystyle\sum_{n=1}^{\infty} a_n$ を求めよ。 （芝浦工業大）

[類題出題校：室蘭工業大，静岡大，名城大]

テーマ 3 | 無限等比級数

3 解答は本冊 P.25

$\triangle \mathrm{OP_1P_2}$ を二等辺三角形とし，$\angle \mathrm{O} = \angle \mathrm{P_1} = \theta$, $\mathrm{OP_1} = 1$ とする。直線 $\mathrm{OP_1}$ 上に点 $\mathrm{P_3}$ を $\angle \mathrm{OP_2P_3} = \theta$ となるようにとる。次に，直線 $\mathrm{OP_2}$ 上に点 $\mathrm{P_4}$ を $\angle \mathrm{OP_3P_4} = \theta$ となるようにとる。以下，同じようにして，点 $\mathrm{P_5}$, $\mathrm{P_6}$, $\cdots\cdots$ をとる。このとき，次の問いに答えよ。

(1) $\mathrm{P_nP_{n+1}}$ の長さを求めよ。

(2) 無限級数 $\mathrm{P_1P_2 + P_2P_3 + \cdots\cdots + P_nP_{n+1} + \cdots\cdots}$ が収束する θ の値の範囲を求め，そのときの和を求めよ。 （大阪府立大）

[類題出題校：豊橋技術科学大，香川大，大分大]

テーマ 4 | 角度の極限（三角関数の極限）

4  解答は本冊 P.27

O を原点とする座標平面上に 2 点 $\mathrm{A}(2, 0)$, $\mathrm{B}(0, 1)$ がある。自然数 n に対し，線分 AB を $1:n$ に内分する点を $\mathrm{P_n}$ とし，$\angle \mathrm{AOP_n} = \theta_n$ とする。ただし，$0 < \theta_n < \dfrac{\pi}{2}$ である。線分 $\mathrm{AP_n}$ の長さを l_n として，極限値 $\displaystyle\lim_{n\to\infty} \dfrac{l_n}{\theta_n}$ を求めよ。 （福島県立医科大）

[類題出題校：千葉大，滋賀県立大，大阪市立大]

テーマ 5 | 解けない漸化式の極限

5

⏱20 分　解答は本冊 P. 29

n を自然数とする。数列 $\{x_n\}$ を $x_1=1$, $x_{n+1}=\dfrac{1}{2}\left(x_n+\dfrac{1}{25x_n}\right)$ で定義する。

(1) $x_n\geqq\dfrac{1}{5}$ を証明せよ。

(2) $x_{n+1}-\dfrac{1}{5}\leqq\dfrac{1}{2}\left(x_n-\dfrac{1}{5}\right)$ を証明せよ。

(3) $\displaystyle\lim_{n\to\infty}x_n$ を求めよ。

(山形大)

[類題出題校：宮城教育大，埼玉大，大阪府立大]

テーマ 6 | ガウス記号と格子点

6

⏱25 分　解答は本冊 P. 33

n を自然数とする。平面上の曲線 $C：y=x^2-n$ と x 軸が囲む領域内にあり，x 座標と y 座標の値が共に整数であるような点の総数を a_n とおく。ただし，曲線 C 上の点および x 軸上の点も含むとする。$n^{\frac{1}{2}}$ を超えない最大の整数を m_n とおくとき，以下の問いに答えよ。

(1) a_n を n と m_n で表せ。

(2) $\displaystyle\lim_{n\to\infty}\dfrac{a_n}{n^{\frac{3}{2}}}$ を求めよ。

(東北大)

[類題出題校：中央大，立教大，早稲田大]

テーマ 7 | 導関数の定義と e の定義

7  ⏱ 20分　解答は本冊 P.37

　導関数の定義にもとづいて，次の(1)，(2)に答えよ。ただし，e は自然対数の底とし，$a \neq 1$，$a > 0$ とする。

(1) $\displaystyle\lim_{h \to 0}(1+h)^{\frac{1}{h}}=e$ を用いて，$x > 0$ のとき，$(\log_a x)' = \dfrac{1}{x \log_e a}$ を証明せよ。

(2) $\displaystyle\lim_{h \to 0}\dfrac{e^h - 1}{h}=1$ を用いて，$(a^x)' = a^x \log_e a$ を証明せよ。

(名古屋市立大)

[類題出題校：岩手大，愛知教育大，同志社大]

テーマ 8 | 接する・直交する・共通接線

8  ⏱ 30分　解答は本冊 P.40

(1) $y = e^x$ と $y = \log(x+2)$ の共通接線を求めよ。

(2) $0 < x < 2\pi$ のとき，$y = 2\sin x$ のグラフと $y = a - \cos 2x$ のグラフが接するように定数 a の値を定めよ。

(東京学芸大)

(3) 2つのグラフ $y = x\sin x$，$y = \cos x$ の交点におけるそれぞれの接線は互いに直交することを示せ。

(愛知教育大)

[類題出題校：秋田大，明治大，長崎大]

テーマ 9 │ グラフのかき方

9 ⏱️ ㉑分　解答は本冊 P.43

関数 $f(x) = \dfrac{x^3 + 4}{x^2}$

について，定義域，増減，極値，凹凸，漸近線を調べ，グラフの概形をかけ。　　（愛知教育大）

［類題出題校：宮城教育大，兵庫医科大，宮崎大］

テーマ 10 │ 接線の本数

10 ⏱️ ㉑分　解答は本冊 P.47

$f(x) = xe^{-x}$ とおくとき，次の問いに答えよ。

(1)　$f'(x)$, $f''(x)$ を求め，$y = f(x)$ のグラフの概形をかけ。

(2)　y 軸上の点 $(0,\ b)$ から曲線 $y = f(x)$ に引ける接線の本数を求めよ。

ただし，n を自然数とするとき，$\displaystyle\lim_{x \to \infty} x^n e^{-x} = 0$ であることを用いてもよい。　　（明治大）

［類題出題校：東京農工大，九州大，熊本大］

テーマ 11 | 絶対不等式（増減の調べ方(1)）

11 ⏱20分　解答は本冊P.51

a は正の定数とする。

範囲 $0 \leqq \theta \leqq \dfrac{\pi}{2}$ のすべての θ で不等式

$$k(\cos\theta + a^3\sin\theta) \geqq \sin\theta\cos\theta$$

が成り立つという。そのような数 k の最小値を求めよ。　　　　　（東京理科大）

［類題出題校：新潟大，お茶の水女子大，信州大］

テーマ 12 | 不等式の証明（増減の調べ方(2)）

12 ⏱20分　解答は本冊P.54

次の問いに答えよ。

(1) 関数 $f(x) = \dfrac{\log(x+1)}{x}$ の導関数 $f'(x)$ を求めよ。ただし，対数は自然対数とする。

(2) 実数 a, b は $b > a > 0$ を満たすとする。このとき，次の不等式を証明せよ。

$$(a+1)^b > (b+1)^a$$

（岡山大）

［類題出題校：お茶の水女子大，和歌山大，山口大］

テーマ **13** 平均値の定理

13 ⏱ ⑮分　解答は本冊 P.58

e を自然対数の底とする。$e \leqq p < q$ のとき，不等式

$$\log(\log q) - \log(\log p) < \frac{q-p}{e}$$

が成り立つことを証明せよ。 (名古屋大)

[類題出題校：筑波大，東京理科大，日本大]

テーマ **14** 三角関数の積分

14 ⏱ ⑳分　解答は本冊 P.61

次の問いに答えよ。

(1) 自然数 j, k に対し，$I_{jk} = \displaystyle\int_{-\pi}^{\pi} \sin jx \sin kx \, dx$ とする。$j \neq k$, $j = k$ のそれぞれの場合に対し，I_{jk} の値を求めよ。

(2) 定積分 $J = \displaystyle\int_{-\pi}^{\pi} (x - a \sin x - b \sin 2x)^2 dx$ の値を最小にする実数 a, b を求めよ。

(東京電機大)

[類題出題校：東京女子大，工学院大，三重大]

テーマ 15 $\int f(g(x))g'(x)\,dx$

$I(a) = \displaystyle\int_0^\pi \frac{a\sin\theta}{(a^2 - 2a\cos\theta + 1)^{\frac{3}{2}}}\,d\theta \;(a>1)$ とする。

(1) $I(a)$ を求めよ。

(2) $\displaystyle\sum_{n=2}^\infty I(n)$ の値を求めよ。

(千葉大)

〔類題出題校：東京電機大，南山大，立命館大〕

テーマ 16 | 周期関数の積分

(1) 定積分 $\displaystyle\int_0^\pi e^{-x}\sin x\,dx$ を求めよ。

(2) 極限値 $\displaystyle\lim_{n\to\infty}\int_0^{n\pi} e^{-x}|\sin x|\,dx$ を求めよ。

(東京工業大)

〔類題出題校：岐阜大，大阪府立大，高知大〕

テーマ **17** | 積分漸化式

□ **17** ⏱**25**分　解答は本冊 P.71

$a_n = \int_0^1 x^n e^x dx$ $(n=1,\ 2,\ 3,\ \cdots\cdots)$ で定義される数列 $\{a_n\}$ について，次の問いに答えよ。

ただし，e は自然対数の底である。

(1) $a_1,\ a_2,\ a_3$ を求めよ。

(2) $a_{n+1} = e - (n+1)a_n$ を示せ。

(3) $\dfrac{1}{n+1} < a_n < \dfrac{e}{n+1}$ を示し，$\displaystyle\lim_{n\to\infty} a_n$ を求めよ。

(4) $\displaystyle\lim_{n\to\infty} n a_n$ を求めよ。 （山形大）

[類題出題校：新潟大，東京学芸大，神戸大]

テーマ **18** | $a - x$ 置換

□ **18** ⏱**20**分　解答は本冊 P.75

(1) 関数 $\dfrac{\cos x}{1 + \sin x} + x$ を微分せよ。

(2) 連続関数 $f(x)$ に対して

$$\int_0^a f(x)\,dx = \int_0^a f(a-x)\,dx$$

であることを示せ。

(3) $\displaystyle\int_0^\pi \dfrac{x\sin x}{1 + \sin x}\,dx$ を求めよ。 （高知大）

[類題出題校：山形大，静岡大，徳島大]

テーマ **19** | 絶対値の積分

19 ⏱ ㉒分 解答は本冊 P.79

$0 \leqq x \leqq \dfrac{\pi}{2}$ に対して，$f(x) = \displaystyle\int_0^\pi |\sin t - \sin x|\,dt$ とする。このとき，次の問いに答えよ。

(1) $f(0)$ を求めよ。

(2) $f(x)$ を求めよ。

(3) $f(x)$ の最小値とそのときの x の値を求めよ。 （静岡大）

[類題出題校：津田塾大，芝浦工業大，滋賀医科大]

テーマ **20** | 関数の決定

20 ⏱ ㉚分 解答は本冊 P.82

(1) $f(x)$ を連続な関数とする。すべての x に対して

$f(x) = \sin x + \dfrac{1}{\pi}\displaystyle\int_0^\pi f(t)\cos(x-t)\,dt$ が成り立つとき，$f(x)$ を求めよ。 （東北大）

(2) $f(x) + \displaystyle\int_0^x f(t)e^{x-t}\,dt = \sin x$ を満たす微分可能な関数 $f(x)$ を求めよ。

(3) 多項式 $f(x)$ が $f(x)f'(x) = \displaystyle\int_0^x f(t)\,dt + 12$ ……(*) を満たすとき，$f(x)$ を求めよ。

[類題出題校：関西大，九州大，佐賀大]

テーマ **21** 区分求積法

21 ⏱(20)分　解答は本冊 P.86

線分 AB を直径とする半径 1 の半円周を n 等分する点をＡの方から順に

$$P_1, \ P_2, \ \cdots\cdots, \ P_{n-1}$$

とする。三角形 AP_kB の周の長さを $L(k, \ n)$ で表す。

(1)　$L(k, \ n)$ を求めよ。

(2)　$\displaystyle \lim_{n\to\infty} \frac{1}{n} \sum_{k=1}^{n} L(k, \ n)$ を求めよ。ただし，$L(n, \ n)=4$ とする。　　　　　（東京都立大）

[類題出題校：福島大，東京理科大，熊本大]

テーマ **22** 定積分と不等式

22 ⏱(25)分　解答は本冊 P.89

(1)　自然数 n に対して，次の不等式を証明せよ。

$$n\log n - n + 1 \leqq \log(n!) \leqq (n+1)\log n - n + 1$$

(2)　次の極限の収束，発散を調べ，収束するときにはその極限値を求めよ。

$$\lim_{n\to\infty} \frac{\log(n!)}{n\log n - n}$$　　　　　（東京都立大・改）

[類題出題校：北里大，大阪市立大，高知大]

テーマ 23 | 面積

23 ⏱20分 解答は本冊 P.93

a は $0<a<1$ を満たすとする。$x>0$ において, 関数

$$f(x)=\frac{\log x}{x^2}, \quad g(x)=a\log x$$

を考える。次の問いに答えよ。必要ならば $\displaystyle\lim_{x\to\infty}\frac{\log x}{x}=0$ を用いてよい。

(1) 曲線 $y=f(x)$ と曲線 $y=g(x)$ で囲まれた部分の面積を $S(a)$ とする。$S(a)$ を求めよ。

(2) $\displaystyle\lim_{a\to+0} S(a)$ を求めよ。 (埼玉大)

[類題出題校：宮城教育大, 中央大, 愛媛大]

テーマ 24 | パラメータ曲線

24 ⏱20分 解答は本冊 P.97

t がすべての実数の範囲を動くとき, $x=t^2+1$, $y=t^2+t-2$ を座標とする点 (x, y) は, 1つの曲線を描く。この曲線と x 軸で囲まれる面積を求めよ。 (弘前大)

[類題出題校：東京理科大, 昭和大, 神戸大]

テーマ 25 | 立体の体積 (非回転体)

25 (25)分 解答は本冊P.101

半径1の円を底面とする高さ $\dfrac{1}{\sqrt{2}}$ の直円柱がある。底面の円の中心をOとし,直径を1つ取りABとおく。ABを含み底面と $45°$ の角度をなす平面でこの直円柱を2つの部分に分けるとき,体積の小さい方の部分を V とする。

(1) 直径ABと直交し,Oとの距離が $t\,(0\leqq t\leqq 1)$ であるような平面で V を切ったときの断面積 $S(t)$ を求めよ。

(2) V の体積を求めよ。 (東北大)

[類題出題校:富山大,明治大,岡山大]

テーマ 26 | 立体の体積 (回転体(1))

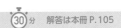

26 (30)分 解答は本冊P.105

(1) $y=\sin x\,(0\leqq x\leqq 2\pi)$ とこれを x 軸の負の方向へ $\dfrac{\pi}{3}$ だけ平行移動した曲線とで囲まれる部分を x 軸の周りに回転して得られる立体の体積を求めよ。

(2) $y=\sin x\,(0\leqq x\leqq \pi)$ と x 軸が囲む部分を y 軸周りに回転してできる立体の体積を求めよ。

[類題出題校:名城大,大阪市立大,鹿児島大]

18

テーマ 27 | 立体の体積（回転体(2)）

⏱30分　解答は本冊 P.109

　座標空間において，中心 $(0,\ 2,\ 0)$，半径 1 で xy 平面内にある円を D とする。D を底面とし，$z \geqq 0$ の部分にある高さ 3 の直円柱（内部を含む）を E とする。点 $(0,\ 2,\ 2)$ と x 軸を含む平面で E を 2 つの立体に分け，D を含む方を T とする。以下の問いに答えよ。

(1)　$-1 \leqq t \leqq 1$ とする。平面 $x=t$ で T を切ったときの断面積 $S(t)$ を求めよ。

(2)　T を x 軸の周りに 1 回転させてできる立体の体積を求めよ。 （九州大）

[類題出題校：早稲田大，岐阜薬科大，岡山大]

テーマ 28 | 曲線の長さ

⏱30分　解答は本冊 P.112

　座標平面上に原点 O を中心とする半径 1 の円 C_1 がある。半径 $\frac{1}{4}$ の円 C_2 が円 C_1 に内接しながらすべることなく転がるとき，円 C_2 の周上の定点 P の軌跡について考える。ただし，円 C_2 の中心 Q は原点に関して反時計回りに動くものとし，動きはじめの点 P の座標を $(1,\ 0)$ とする。いま，x 軸に対して，直線 OQ のなす角 θ が $0 \leqq \theta \leqq \frac{\pi}{4}$ であるとき，次の問いに答えよ。

(1)　円 C_1，C_2 の接点を R とする。$\angle$PQR を θ を用いて表せ。

(2)　ベクトル $\overrightarrow{QP}$ を θ を用いて成分表示せよ。

(3)　点 P の座標 $(X,\ Y)$ は次の式で与えられることを示せ。

$$X = \frac{3}{4}\cos\theta + \frac{1}{4}\cos 3\theta, \quad Y = \frac{3}{4}\sin\theta - \frac{1}{4}\sin 3\theta$$

(4)　角 θ が $0 \leqq \theta \leqq \frac{\pi}{4}$ を動くとき，点 P の軌跡のなす曲線の長さを求めよ。 （山形大）

[類題出題校：福島大，津田塾大，名古屋工業大]

テーマ 29 関数方程式

29

$f(x)$ は $x=0$ で微分可能な関数で，$f'(0)=k$ $(k \neq 0)$ とする。また，任意の実数 x，y に対して等式 $f(x+y)=f(x)f(y)$ を満たしているとする。

(1) $f(0)=1$ を示せ。

(2) 任意の実数 a に対して $f(x)$ は $x=a$ で微分可能であることを示せ。

(3) $g(x)=\log f(x)$ とするとき，$g'(x)=f'(0)$ が成り立つことを示せ。

(4) $f(x)$ を求めよ。

(山口大)

[類題出題校：東北大，お茶の水女子大，鳥取大]

テーマ 30 複素数の処理法

30

0 でない複素数 z に対して，$w=z+\dfrac{1}{z}$ とおく。w が実数となるための z の満たす条件を求め，この条件を満たす z 全体の図形を複素数平面上に図示せよ。

[類題出題校：山梨大，名古屋工業大，関西大]

テーマ **31** | n 乗根

□ **31**   ⏱ ㉟分   解答は本冊 P.120

$\alpha = \cos\dfrac{2}{5}\pi + i\sin\dfrac{2}{5}\pi$ とする。

(1) $1+\alpha+\alpha^2+\alpha^3+\alpha^4=0$ を示せ。

(2) $u=\alpha+\alpha^4$, $v=\alpha^2+\alpha^3$ とおくとき, $u+v$ と uv の値を求めよ。

(3) $\cos\dfrac{2}{5}\pi$ の値を求めよ。

(京都教育大)

[類題出題校：室蘭工業大, 千葉大, 横浜国立大]

テーマ **32** | 複素数の図形への応用(1)

□ **32**   ⏱ ⑮分   解答は本冊 P.124

複素数平面上の三角形の頂点を A(α), B(β), C(γ) とする。これらが,

$$\frac{\gamma-\alpha}{\beta-\alpha}=\frac{1}{2}(\sqrt{3}+i)^2$$

を満たすとき, 次の問いに答えよ。

(1) $\dfrac{\gamma-\alpha}{\beta-\alpha}$ の絶対値を r, 偏角を θ とおく。このとき, r および θ を求めよ。ただし, $0\leqq\theta<2\pi$ とし, 答えのみでよい。

(2) $\dfrac{\beta-\gamma}{\alpha-\gamma}$ の値を求めよ。

(東京農工大)

[類題出題校：室蘭工業大, 富山県立大, 学習院大]

テーマ 33 | 複素数の図形への応用(2)

33 (20)分　解答は本冊 P.128

複素数平面上で原点Oと2点 A(α)，B(β) を頂点とする △OAB がある。直線 OB に関して点Aと対称な点をC，直線 OA に関して点Bと対称な点をDとするとき，以下の問いに答えよ。ただし，複素数zと共役な複素数を$\bar{z}$で表すものとする。

(1) 点 C(γ) とするとき，$\gamma = \overline{\left(\dfrac{\alpha}{\beta}\right)}\beta$ であることを示せ。

(2) 辺 AB と直線 DC が平行なとき，△OAB はどのような三角形か。

（岐阜薬科大）

［類題出題校：静岡大，愛知工業大，岡山大］

テーマ 34 | 1次分数変換

34 (30)分　解答は本冊 P.132

(1) 複素数平面上で方程式 $|z - 3i| = 2|z|$ が表す図形を求め，図示せよ。

(2) 複素数zが(1)で求めた図形の上を動くとき，複素数 $w = (-1 + i)z + 3 + 3i$ が表す点wの軌跡を求めよ。また，$\arg w$ の範囲を求めよ。

(3) 複素数zが(1)で求めた図形から $z = i$ を除いた部分を動くとき，複素数 $w = \dfrac{z + i}{z - i}$ が表す点wの軌跡を求め，図示せよ。

［類題出題校：秋田県立大，明治大，広島大］

テーマ **35** 放物線の定義

35　⏲20分　解答は本冊P.137

放物線 $y = \dfrac{1}{2}x^2$ 上の頂点以外の点を $P(x_0,\ y_0)$ とし，P における接線を l とする。l と y 軸の交点を Q とし，放物線の焦点を F とする。さらに，l 上の点 S を，P に対して Q と反対側にとる。また，P を通り y 軸に平行な直線上の点を $R(x_0,\ y_1)$（ただし，$y_1 > y_0$）とする。このとき，次の問いに答えよ。

(1)　F の座標と準線の方程式を求めよ。

(2)　P における接線の方程式を求めよ。

(3)　∠RPS は ∠FPQ に等しいことを証明せよ。　　　　　　　　（宇都宮大）

[類題出題校：福島大，東海大，山梨大]

テーマ **36** 楕円の定義

36　⏲20分　解答は本冊P.140

楕円 $\dfrac{x^2}{25} + \dfrac{y^2}{9} = 1$ の焦点を $F(4,\ 0)$，$F'(-4,\ 0)$ とし，第 1 象限にある楕円上の点を P とする。$OP = a$ とおくとき，次の問いに答えよ。

(1)　$PF + PF'$ の値を求めよ。

(2)　$PF^2 + PF'^2$ および積 $PF \cdot PF'$ を a を用いて表せ。

(3)　$\angle F'PF = \dfrac{\pi}{3}$ のとき，a の値および点 P の座標を求めよ。　　　　　　　　（静岡大）

[類題出題校：弘前大，日本医科大，信州大]

テーマ 37 | 双曲線の定義

xy 平面上の円 C_1, C_2 を次のように定める。

$$C_1 : x^2 + y^2 = 4, \quad C_2 : (x-2)^2 + y^2 = 1$$

このとき，C_1，C_2 に外接する円 C の中心の軌跡を求めよ。

（奈良女子大）

[類題出題校：電気通信大，昭和大]

テーマ 38 | 準円

(1) 座標 xy 平面における楕円 $\dfrac{x^2}{4} + y^2 = 1$ を C とする。点 $\mathrm{P}(X, Y)$ は楕円 C の外部にあって，すなわち，$\dfrac{X^2}{4} + Y^2 > 1$ を満たし，点 $\mathrm{P}(X, Y)$ から C に引いた 2 本の接線は点 $\mathrm{P}(X, Y)$ で直交している。このような点 $\mathrm{P}(X, Y)$ 全体のなす軌跡を求めよ。

(2) 座標 xy 平面において，長軸の長さが 4 で，短軸の長さが 2 の楕円を考える。この楕円が，第一象限（すなわち，$\{(x, y)|x \geqq 0, y \geqq 0\}$）において x 軸，y 軸の両方に接しつつ可能なすべての位置にわたって動くとき，この楕円の中心の描く軌跡を求めよ。 （慶應義塾大）

[類題出題校：東京学芸大，滋賀医科大，島根大]

テーマ 39 | 極方程式(1)

39 ⏱20分　解答は本冊 P.154

(1) 次の極方程式で表された曲線を直交座標で表せ。

　(i) $r\cos\theta=1$　　　　　　　　　(ii) $r=2\cos\theta$

(2) 次の曲線の極方程式を求めよ。

　(i) $x+y=\sqrt{2}$　　　　　　　　　(ii) $x^2+y^2+2x=0$

[類題出題校：山形大，群馬大，芝浦工業大，東邦大]

テーマ 40 | 極方程式(2)

40 ⏱25分　解答は本冊 P.158

　放物線 $y^2=4px$ $(p>0)$ 上に4点があり，それらを y 座標の大きい順に A, B, C, D とする。線分 AC と BD は放物線の焦点 F で垂直に交わっている。ベクトル $\overrightarrow{FA}$ が x 軸の正の方向となす角を θ とする。

(1) 線分 AF の長さを p と θ を用いて表せ。

(2) $\dfrac{1}{AF\cdot CF}+\dfrac{1}{BF\cdot DF}$ は θ によらず一定であることを示し，その値を p を用いて表せ。

(名古屋工業大)

[類題出題校：上智大，神奈川工科大，福岡女子大]

毎年出る!
センバツ**40**題
理系数学
標準レベル
[数学 I・A・II・B・III]

別冊問題

Obunsha

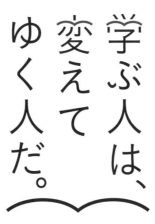

学ぶ人は、
変えて
ゆく人だ。

目の前にある問題はもちろん、

人生の問いや、

社会の課題を自ら見つけ、

挑み続けるために、人は学ぶ。

「学び」で、

少しずつ世界は変えてゆける。

いつでも、どこでも、誰でも、

学ぶことができる世の中へ。

旺文社

はじめに

　入試数学は，単に公式や解法を覚え，それを当てはめる演習を重ねれば解けるようになるものではありません。もちろん，演習を重ねることは大切ですが，本当の力をつけるには，公式や重要な考え方を

「正しく理解する」，そして「深く理解する」

ことが大切であり，これらを体系的に学ぶことにより，いろいろな考え方や概念が繋がり，「自分で考え，解ける力」がついていくのです。

　本書では，数学Ⅲのよく出題されるテーマを40項目に絞って解説しました。特に微積分は，よく狙われる型が多数存在し，知らないと試験時間内に解法を発想するのはかなり厳しい分野です。そこで，テーマごとに体系的に学習でき，かつ応用が利くように，考え方の詳しい説明や発展事項，そして関連する例題をコンパクトにまとめました。暗記して終わりがちなところも紙面の許す限り解説しましたので，しっかり学習すれば，標準レベルの数学Ⅲの問題に対応できる力がつくはずです。苦手なところは反復演習して，ボロボロになるまで使いこんでください。

　本書によって，一人でも多くの人が数学Ⅲを攻略し，第1志望を勝ち取ってくれることを願います。

　最後に，僕が大学の恩師に頂いた言葉を贈ります。

夢を実現できないことは，悲しむべきことではない。

悲しむべきことは，夢を持てないことだ。

夢の実現のために全力を尽くせ！

森谷慎司

本書の特長と使い方

■問題（別冊）

大学入試で確実に得点する力をつけるための最重要テーマの問題40題を厳選しました。理系学部の入試でよく出題されるテーマの問題に加え，今後，出題が増えていくであろうと予想されるテーマの問題も選びました。

目標解答時間です。この時間内に解き終わるように演習しましょう。

類題出題校

類題が出題された学校名を掲載しています。

....

■解答（本冊）

模範解答となる解き方を記しました。解答の右横には◀で解答のポイント，補足説明を加えましたので，理解の助けとなります。

アプローチ

問題を解く際の具体的な指針を示しました。

重要ポイント 総整理！

問題を解くために必要な知識，目の付け所を記しました。どのように解けばよいのか見当がつかない場合は，先にここを読んでみましょう。

ちょっと 一言・参考

解答について掘り下げた解説，関連する知識，発展的な考え方などを記しました。

解答　目次

著者紹介

森谷慎司（もりやしんじ）
1968年生まれ，宮城県出身。
山形大学大学院理学研究科数学専攻（修士）を修了後，代々木ゼミナール講師になる。以後，20年以上の長きにわたり熱い指導を続けている。現在は，代々木本校，新潟校，名古屋校に出講。また，サテライン（映像授業）では，『共通テスト数学ⅠAⅡBゼミ』を担当。一人でも多くの人に数学の面白さを伝えるべく，全国を駆け巡り忙しい日々を送っている。
『全国大学入試問題正解 数学』（旺文社）の解答執筆者であり，著書に『場合の数・確率 分野別 標準問題精講』，『全レベル問題集 数学Ⅰ＋A＋Ⅱ＋B　1　基礎レベル』，『全レベル問題集 数学Ⅰ＋A＋Ⅱ＋B　2　共通テストレベル 改訂版』（旺文社）がある。

紙面デザイン：内津 剛（及川真咲デザイン事務所）　図版：蔦澤 治
編集協力：有限会社 四月社　企画・編集：青木希実子

テーマ 0-1 | 極限チェック！

0-1 アプローチ

極限のチェック問題です。

$$\text{不定形 } \infty-\infty, \ \frac{\infty}{\infty}, \ \frac{0}{0}, \ \infty\times 0, \ 1^{\infty}$$

の極限を状況に応じて迅速に処理できたでしょうか？

(1) 多項式の分数式の場合，強さは次数で決まるので，分母の最高次 n^2 で分母分子を割りましょう。

4

(2) 分子の有理化を行って不定形を外します。

(3) 指数関数は底が大きい方が強いので，4^n で分母分子を割りましょう。

(4) 三角関数の不定形の極限では

$$\lim_{\theta\to 0}\frac{\sin\theta}{\theta}=1, \ \lim_{\theta\to 0}\frac{1-\cos\theta}{\theta^2}=\frac{1}{2}, \ \lim_{\theta\to 0}\frac{\tan\theta}{\theta}=1$$

に帰着しましょう。

4

(5) 複雑な問題では，知っている極限の形をどんどん作っていき，残った部分を慎重に処理しましょう。

(6) 1^{∞} の不定形の極限では，$\displaystyle\lim_{x\to\infty}\left(1+\frac{1}{x}\right)^{x}=\lim_{t\to 0}(1+t)^{\frac{1}{t}}=e$ の出番です。

$$\lim_{x\to\infty}\left(1+\frac{1}{\bigcirc}\right)^{\bigcirc}=e \ \left(\bigcirc=\frac{x}{2}\right) \text{ として用います。}$$

(7) $t=x\sin 3x$ と見て，$\displaystyle\lim_{t\to 0}\frac{e^t-1}{t}=1$ を，あとは

$$\lim_{x\to 0}(1+x)^{\frac{1}{x}}=e \text{ を利用します。}$$

(8) 微分係数の定義をイメージさせる極限では

$$\lim_{h\to 0}\frac{f(a+h)-f(a)}{h}=f'(a)$$

$$\lim_{b\to a}\frac{f(b)-f(a)}{b-a}=f'(a)$$

を利用しましょう。

解答

(1) $\displaystyle\lim_{n\to\infty}\frac{(n+1)(2n+1)}{n^2+1}=\lim_{n\to\infty}\frac{\left(1+\frac{1}{n}\right)\left(2+\frac{1}{n}\right)}{1+\frac{1}{n^2}}=2$

◀ 以下，「強さ」とは，「∞ へ発散するスピード」だと思ってください。

◀ 三角関数の極限に関して詳しくは 4 を参照！

◀ (6), (7)の e の定義に関して詳しくは 7 を参照！

◀ 最も影響力のある n^2 で分母分子を割ります！

(2) $\displaystyle\lim_{n\to\infty}(\sqrt{n^2+3n+2}-n)$

$$=\lim_{n\to\infty}\frac{(n^2+3n+2)-n^2}{\sqrt{n^2+3n+2}+n}=\lim_{n\to\infty}\frac{3n+2}{\sqrt{n^2+3n+2}+n}$$

$$=\lim_{n\to\infty}\frac{3+\dfrac{2}{n}}{\sqrt{1+\dfrac{3}{n}+\dfrac{2}{n^2}}+1}=\boldsymbol{\dfrac{3}{2}}$$

◀ 分子の有理化をします！
直感的には，分母分子の最高次の係数を拾って，$\dfrac{3}{1+1}=\dfrac{3}{2}$ と予想できます。

(3) $\displaystyle\lim_{n\to\infty}\frac{2^n+4^n}{3^n+4^n}=\lim_{n\to\infty}\frac{\left(\dfrac{2}{4}\right)^n+1}{\left(\dfrac{3}{4}\right)^n+1}=\boldsymbol{1}$

◀ 最も強い 4^n で割って，$\displaystyle\lim_{n\to\infty}r^n=0\ (|r|<1)$ に帰着しましょう。

(4) $x-\dfrac{\pi}{4}=\theta$ とおくと

$$\lim_{x\to\frac{\pi}{4}}\frac{\sin x-\cos x}{x-\dfrac{\pi}{4}}=\lim_{x\to\frac{\pi}{4}}\frac{\sqrt{2}\,\sin\left(x-\dfrac{\pi}{4}\right)}{x-\dfrac{\pi}{4}}$$

$$=\lim_{\theta\to 0}\frac{\sqrt{2}\,\sin\theta}{\theta}=\boldsymbol{\sqrt{2}}$$

◀ 分子は合成公式で変形します。
三角関数の極限では，0 に飛ばすのが原則です。
$x=\theta+\dfrac{\pi}{4}$ として代入してもいいです。

(5) $\displaystyle\lim_{x\to 0}\frac{x^2(-\sin x+3\sin 3x)}{\tan x(\cos x-\cos 3x)}=\lim_{x\to 0}\frac{x}{\tan x}\cdot\frac{x(-\sin x+3\sin 3x)}{\cos x-\cos 3x}$

$$=\lim_{x\to 0}\frac{x}{\tan x}\cdot\frac{\dfrac{-\sin x+3\sin 3x}{x}}{\dfrac{\cos x-\cos 3x}{x^2}}$$

◀ 知っている極限の形をどんどん作っていきます。$\dfrac{\tan x}{x}$ を作ります。

ここで

$$\cos x-\cos 3x=\cos(2x-x)-\cos(2x+x)$$
$$=2\sin 2x\sin x$$

これより

$$(与式)=\lim_{x\to 0}\frac{-\dfrac{\sin x}{x}+9\cdot\dfrac{\sin 3x}{3x}}{\dfrac{\tan x}{x}\cdot 4\cdot\dfrac{\sin 2x}{2x}\cdot\dfrac{\sin x}{x}}=\boldsymbol{2}$$

◀ $\dfrac{\sin x}{x}$ を作ると $\dfrac{\cos x-\cos 3x}{x^2}$ が残るので，和積公式でサインの積に直します。

(6) $\displaystyle\lim_{x\to\infty}x\{\log(x+2)-\log x\}$

$$=\lim_{x\to\infty}\log\left(\frac{x+2}{x}\right)^x=\lim_{x\to\infty}\log\left\{\left(1+\frac{2}{x}\right)^{\frac{x}{2}}\right\}^2=\log e^2=\boldsymbol{2}$$

◀ e の極限の利用です。

(7) $\displaystyle\lim_{x\to 0}\frac{e^{x\sin 3x}-1}{x\log(x+1)}$

$$=\lim_{x\to 0}\frac{e^{x\sin 3x}-1}{x\sin 3x}\cdot\frac{\sin 3x}{x}\cdot\frac{x}{\log(x+1)}$$

$$=\lim_{x\to 0}\frac{e^{x\sin 3x}-1}{x\sin 3x}\cdot 3\cdot\frac{\sin 3x}{3x}\cdot\frac{1}{\log(1+x)^{\frac{1}{x}}}=1\cdot 3\cdot 1\cdot\frac{1}{\log e}=\boldsymbol{3}$$

◀ こちらも知っている極限の形をどんどん作っていきましょう。

(8) $\displaystyle\lim_{x\to 0}\frac{\cos(a+x)-\cos a}{\sqrt[3]{a+x}-\sqrt[3]{a}}=\lim_{x\to 0}\frac{\dfrac{\cos(a+x)-\cos a}{x}}{\dfrac{\sqrt[3]{a+x}-\sqrt[3]{a}}{x}}$

◀ 微分係数をイメージさせる式を見たら，微分係数の定義を利用しましょう。

ここで，$f(x)=\cos x$，$g(x)=\sqrt[3]{x}$ とおくと，

$f'(x)=-\sin x$，$g'(x)=\dfrac{1}{3}x^{-\frac{2}{3}}$ より

$\displaystyle(与式)=\lim_{x\to 0}\frac{\dfrac{f(a+x)-f(a)}{x}}{\dfrac{g(a+x)-g(a)}{x}}=\frac{f'(a)}{g'(a)}=-3a^{\frac{2}{3}}\sin a$

\ちょっと/
一言

直感的には，以下のようなイメージになります。

(1) 多項式の分数式の場合，強さは次数で決まるので

$$\frac{(n+1)(2n+1)}{n^2+1}=\frac{2n^2+\boxed{1\,\text{次式}}}{n^2+1}$$

◀ 分母分子の最高次で決まります！

直感的には，分母分子の最高次を考えて，$\dfrac{2n^2}{n^2}=2$ です。

(2) n を ∞ に飛ばすと

$$\sqrt{n^2+3n+2}=\sqrt{\left(n+\frac{3}{2}\right)^2-\frac{1}{4}}\fallingdotseq n+\frac{3}{2}$$

◀ 平方完成すると近似値がわかります！

ですから，直感的には $\left(n+\dfrac{3}{2}\right)-n=\dfrac{3}{2}$ です。

(3) 指数関数は底が大きい方が強いので，直感的には

◀ 4^n の部分で決まります。

$\dfrac{\boxed{}+4^n}{\boxed{}+4^n}\fallingdotseq\dfrac{4^n}{4^n}=1$ です。

(5) $\displaystyle\lim_{\theta\to 0}\frac{\sin\theta}{\theta}=1$，$\displaystyle\lim_{\theta\to 0}\frac{1-\cos\theta}{\theta^2}=\frac{1}{2}$，$\displaystyle\lim_{\theta\to 0}\frac{\tan\theta}{\theta}=1$

より，$\theta\fallingdotseq 0$ のとき，$\sin\theta\fallingdotseq\theta$，$1-\cos\theta\fallingdotseq\dfrac{1}{2}\theta^2$，$\tan\theta\fallingdotseq\theta$

◀ 直感的には，このように置き換えていいということです！

です。これを用いると，直感的には

$\tan x\fallingdotseq x$，$\sin x\fallingdotseq x$，$\sin 3x\fallingdotseq 3x$，

$\cos x\fallingdotseq 1-\dfrac{x^2}{2}$，$\cos 3x\fallingdotseq 1-\dfrac{(3x)^2}{2}$

として

$\displaystyle\lim_{x\to 0}\frac{x^2(-\sin x+3\sin 3x)}{\tan x(\cos x-\cos 3x)}$

$\fallingdotseq\dfrac{x^2(-x+3\cdot 3x)}{x\left\{\left(1-\dfrac{x^2}{2}\right)-\left(1-\dfrac{(3x)^2}{2}\right)\right\}}=\dfrac{8x^3}{4x^3}=2$

となりますね。

テーマ 0-2 微分計算チェック！

微分計算は

$$(x^\alpha)' = \alpha x^{\alpha-1} \quad (\alpha \text{ は実数の定数})$$

$$(e^x)' = e^x, \quad (\log x)' = \frac{1}{x}$$

$$(\sin x)' = \cos x, \quad (\cos x)' = -\sin x$$

などをベースに

積の微分 $\{f(x)g(x)\}' = f'(x)g(x) + f(x)g'(x)$

商の微分 $\left\{\dfrac{f(x)}{g(x)}\right\}' = \dfrac{f'(x)g(x) - f(x)g'(x)}{\{g(x)\}^2}$

合成関数の微分 $\{f(g(x))\}' = f'(g(x))g'(x)$

対数微分，陰関数の微分，逆関数の微分，パラメータ微分などを組み合わせて行います。

◀ 解答の青色の字の部分は説明のために記述しました。答案ではもちろん書かなくてオッケーです。

解答

(1) (i) $(x^3 e^{-x})' = (x^3)' e^{-x} + x^3 (e^{-x})'$

$\qquad = 3x^2 e^{-x} + x^3(-e^{-x}) = \boldsymbol{x^2(3-x)e^{-x}}$

◀ 積の微分と合成関数の微分を利用します。

(ii) $\left(\dfrac{\cos x}{1+\sin x}\right)' = \dfrac{(\cos x)'(1+\sin x) - \cos x(1+\sin x)'}{(1+\sin x)^2}$

$\qquad = \dfrac{-\sin x(1+\sin x) - \cos^2 x}{(1+\sin x)^2}$

$\qquad = \dfrac{-(1+\sin x)}{(1+\sin x)^2} = -\dfrac{1}{1+\sin x}$

◀ 商の微分を利用します。

◀ $\sin^2 x + \cos^2 x = 1$

(iii) $\{\log(x+\sqrt{x^2+1})\}' = \dfrac{(x+\sqrt{x^2+1})'}{x+\sqrt{x^2+1}}$

$\qquad = \dfrac{1 + \dfrac{1}{2}\cdot\dfrac{2x}{\sqrt{x^2+1}}}{x+\sqrt{x^2+1}}$

$\qquad = \dfrac{x+\sqrt{x^2+1}}{(x+\sqrt{x^2+1})\sqrt{x^2+1}} = \dfrac{1}{\sqrt{x^2+1}}$

◀ 合成関数の微分を利用します。苦手な人が一番苦労するのが合成関数の微分だと思うので，

\ちょっと/ 一言 のイメージを持つといいです。

\ちょっと/ 一言

合成関数の微分は，外微分，中微分，中微分，……です。

$f(g(x))$ の微分は，$g(x)$ を x だと思って微分して $f'(g(x))$ としたら，x は実は $g(x)$ だった。だから $g(x)$ の微分をつける感覚です。変数をまとめて１つの変数と見て，外からどんどん微分し

◀ 合成関数の微分は $\dfrac{dy}{dx} = \dfrac{dy}{dt}\cdot\dfrac{dt}{dx}$ です。

ていきましょう。すなわち

$$\{f(g(x))\}'=\underset{\text{外微分}}{\underline{f'(g(x))}}\times\underset{\text{中微分}}{\underline{g'(x)}}$$

$$\{f(g(h(x)))\}'=f'(g(h(x)))\cdot\{g(h(x))\}'$$

$$=\underset{\text{外微分}}{\underline{f'(g(h(x)))}}\cdot\underset{\text{中微分}}{\underline{g'(h(x))}}\cdot\underset{\text{さらに中微分}}{\underline{h'(x)}}$$

◀ できれば一回で書けるように練習しておきましょう。

例) $\{\log(\sin(x^2+1))\}'=\underset{\text{外微分}}{\underline{\dfrac{1}{\sin(x^2+1)}}}\cdot\underset{\text{中微分}}{\underline{\cos(x^2+1)}}\cdot\underset{\text{さらに中微分}}{\underline{2x}}$

(iv) $x>0$ より，$y=x^{\frac{1}{x}}$ において $y>0$ より両辺の対数をとると

$$\log y=\log x^{\frac{1}{x}}=\frac{\log x}{x}$$

◀ 底が e 以外の指数関数の微分では，対数微分が効果的です。

両辺を x で微分して

$$\frac{y'}{y}=\frac{\dfrac{1}{x}\cdot x-\log x\cdot 1}{x^2}=\frac{1-\log x}{x^2}$$

◀ y は x の関数だから，合成関数の微分を用いて $(\log y)'=\dfrac{1}{y}\cdot y'$ です。

$$\therefore\ \ y'=\frac{1-\log x}{x^2}\cdot y=\frac{\boldsymbol{1-\log x}}{\boldsymbol{x^2}}\boldsymbol{x}^{\frac{1}{x}}$$

＼ちょっと／
一言

● 実は，対数の定義 $a^{\log_a b}=b$ を用いて底を e にすれば，対数微分を使わなくても計算できます。

◀ 底を e にしてあげれば，$(e^x)'=e^x$ に帰着できます。

$$x^{\frac{1}{x}}=e^{\log x^{\frac{1}{x}}}=e^{\frac{\log x}{x}}$$

のように底を e にして微分すると

$$(e^{\frac{\log x}{x}})'=e^{\frac{\log x}{x}}\cdot\left(\frac{\log x}{x}\right)'=\frac{1-\log x}{x^2}x^{\frac{1}{x}}$$

例えば，$(a^x)'=a^x\log a$ の公式は，$a^x=e^{\log a^x}=e^{x\log a}$ より

◀ もちろん対数微分を使ってもできます。

$$(e^{x\log a})'=e^{x\log a}\cdot(x\log a)'=e^{x\log a}\cdot\log a=a^x\log a$$

となります。結局，指数部分（対数）の微分がポイントになるので，指数関数の微分では対数微分が有効なのがわかりますね。

● 合成関数の微分 $\{\log f(x)\}'=\dfrac{f'(x)}{f(x)}$ は重要です。

$\log f(x)$ と書いた場合は，$f(x)>0$ ですが，$f(x)<0$ のときも $\{\log(-f(x))\}'=\dfrac{-f'(x)}{-f(x)}=\dfrac{f'(x)}{f(x)}$ となるので，

$\{\boldsymbol{\log|f(x)|}\}'=\dfrac{\boldsymbol{f'(x)}}{\boldsymbol{f(x)}}$ が成り立つことに注意しましょう。

◀ 積分でよく出てきます。

(2) $\sqrt{x}+\sqrt{y}=1$ の両辺を x で微分すると

$$\frac{1}{2}x^{-\frac{1}{2}}+\frac{1}{2}y^{-\frac{1}{2}}\cdot\frac{dy}{dx}=0$$

$$\therefore\quad \frac{dy}{dx}=-\frac{\sqrt{y}}{\sqrt{x}}=\frac{\sqrt{x}-1}{\sqrt{x}}$$

◀ 陰関数の微分の出番です。y は x の関数ですから,合成関数の微分を用いて $(\sqrt{y})'=\frac{1}{2}y^{-\frac{1}{2}}\cdot y'$ です。

\ちょっと/ ―言

$f(x,\ y)=0$ の形で表した関数を陰関数といい,上の方法を陰関数の微分といいます。$f(x,\ y)=0$ を $y=(x$ の式$)$ に直しにくい場合に威力を発揮します。

(3) $x=\sin y$ の両辺を x で微分して

$$1=\cos y\cdot\frac{dy}{dx} \qquad \therefore\quad \frac{dy}{dx}=\frac{1}{\cos y}$$

ここで,$\sin^2 y+\cos^2 y=1$ より,$x^2+\cos^2 y=1$

$$\cos^2 y=1-x^2$$

$-\dfrac{\pi}{2}<y<\dfrac{\pi}{2}$ より,$\cos y>0$ から $\cos y=\sqrt{1-x^2}$

$$\therefore\quad \frac{dy}{dx}=\frac{1}{\sqrt{1-x^2}}$$

◀ $y=$ の形では書けないので,(2)と同じように陰関数と見ます。合成関数の微分を用いて $(\sin y)'=\cos y\cdot y'$ です。

\ちょっと/ ―言

逆関数の微分 $\dfrac{dy}{dx}=\dfrac{1}{\dfrac{dx}{dy}}$ を用いると

$x=\sin y$ の両辺を y で微分して $\dfrac{dx}{dy}=\cos y$

この逆数をとって,$\dfrac{dy}{dx}=\dfrac{1}{\cos y}$ とすることもできます。

微分可能なら,x で微分しても y で微分してもよいので,やりやすい方で微分しましょう。

◀ 逆関数のグラフは直線 $y=x$ に関して対称なので,対応する点での接線の傾きは逆数です。

(4) $\dfrac{dx}{d\theta}=\sin\theta,\ \dfrac{dy}{d\theta}=1-\cos\theta$ より

$$\frac{dy}{dx}=\frac{\dfrac{dy}{d\theta}}{\dfrac{dx}{d\theta}}=\frac{1-\cos\theta}{\sin\theta}$$

◀ パラメータで表された関数の微分は $\dfrac{dy}{dx}=\dfrac{\dfrac{dy}{d\theta}}{\dfrac{dx}{d\theta}}$ を利用します。

$$\frac{d^2y}{dx^2} = \frac{d}{dx}\left(\frac{dy}{dx}\right) = \frac{\dfrac{d}{d\theta}\left(\dfrac{dy}{dx}\right)}{\dfrac{dx}{d\theta}}$$

◀ この変形については
\ちょっと/ 一言 を参照！

$$= \frac{\dfrac{\sin^2\theta - (1-\cos\theta)\cos\theta}{\sin^2\theta}}{\sin\theta}$$

$$= \frac{1-\cos\theta}{\sin\theta(1-\cos^2\theta)} = \frac{1}{\sin\theta(1+\cos\theta)}$$

\ちょっと/
一言

$\dfrac{dy}{dx}$ は，x の微小変化 dx と y の微小変化 dy の比と見て分数の
ように扱う場合

◀ 分数のように扱います。

$$\frac{dy}{dx} = \frac{\dfrac{dy}{d\theta}}{\dfrac{dx}{d\theta}}$$

と，$\dfrac{d}{dx}$ を x で微分するという記号としてとらえ，$\left(\dfrac{d}{dx}\right)y$ と見る
場合があります。

ですから，例えば，y''（y を x で2回微分）を表す場合

$$\left(\frac{d}{dx}\right)^2 y = \frac{d^2y}{dx^2} \quad （2乗の位置に注意！）$$

◀ $\dfrac{d}{dx}$ で x で微分するという記号を表すので，x で2回微分することを意味する記号は $\left(\dfrac{d}{dx}\right)^2$ で表します。

となります。よく $\dfrac{dy^2}{dx^2}$ と間違って表記する人がいるので注意し
ましょう。

また，パラメータで表された関数を2回微分するとき

$$\frac{d^2y}{dx^2} = \frac{\dfrac{d^2y}{d\theta^2}}{\dfrac{d^2x}{d\theta^2}} = \frac{\sin\theta}{\cos\theta}$$

のように，x，y をそれぞれ2回微分する人がいますが，これは間
違いです。$y' = \dfrac{dy}{dx}$ をもう一度 x で微分すると考え

◀ 間違える人が多いです。

$$\frac{d^2y}{dx^2} = \frac{dy'}{dx} = \frac{\dfrac{dy'}{d\theta}}{\dfrac{dx}{d\theta}} = \frac{\dfrac{d}{d\theta}\left(\dfrac{dy}{dx}\right)}{\dfrac{dx}{d\theta}}$$

◀ 暗記せず，記号の意味をよく考えてください。

$$= \frac{\dfrac{dy}{dx} を \theta で微分}{x を \theta で微分}$$

解答では，このようにしています。

テーマ 0-3 | 積分思い出し

0-3 アプローチ

積分のチェック問題です。詳しくは 重要ポイント 総整理！ の該当箇所を参照してください。以下，C は積分定数とします。

(1) $\displaystyle\int a^x dx = \dfrac{a^x}{\log a} + C$ を利用しますが，$(2-x)$ が合成されています。$F'(x)=f(x)$ としたとき

$$\int f(ax+b)\,dx = \frac{1}{a}F(ax+b)+C \quad (a \neq 0)$$

に注意して求めましょう。

◀ 重要ポイント 総整理！
❶，❷(1)を参照！

(2) $\tan x = \dfrac{\sin x}{\cos x}$ や，$\dfrac{1}{\tan x} = \dfrac{\cos x}{\sin x}$ は，どちらも $\dfrac{f'(x)}{f(x)}$ タイプの積分になります。

◀ ❷(2)を参照！

(3) $f(g(x))g'(x)$ タイプの積分です。

◀ ❷(3)を参照！

(4) 合成関数の複雑な積分は置換積分を考えましょう。$\sqrt{x}=t$ と置換してみます。

◀ ❸，❹ を参照！

(5) $(\log x)^2$ を消すために部分積分を2回行います。

◀ ❹を参照！

(6) $(2-x)$ のかたまりで考えてみます。

◀ ❺(1)を参照！

(7) 恒等式を利用して，部分分数に分解しましょう。

◀ ❺(2)を参照！

(8) $(\tan x)' = \dfrac{1}{\cos^2 x}$ を利用して部分積分を利用しましょう。

◀ ❺(3)③を参照！

(9) $\dfrac{\pi x}{2}=t$ と置換すると，$\cos^3 t$ の積分に帰着できます。

◀ ❺(3)②を参照！

解答

(1) $\displaystyle\int 8^{2-x}dx = -\dfrac{8^{2-x}}{\log 8}+C$

(2) $\displaystyle\int \dfrac{dx}{\tan x} = \int \dfrac{(\sin x)'}{\sin x}dx = \log|\sin x|+C$

(3) $\displaystyle\int_1^e \dfrac{\sqrt{1+\log x}}{x}dx = \int_1^e (1+\log x)^{\frac{1}{2}}(1+\log x)'dx$

$$= \left[\frac{2}{3}(1+\log x)^{\frac{3}{2}}\right]_1^e = \frac{4\sqrt{2}-2}{3}$$

(4) $\sqrt{x}=t$ とおくと，$x=t^2$

$\therefore\ \dfrac{dx}{dt}=2t$

x	$1 \to\ \ 8$
t	$1 \to 2\sqrt{2}$

$\displaystyle\int_1^8 e^{-\sqrt{x}}dx = \int_1^{2\sqrt{2}} e^{-t}\dfrac{dx}{dt}dt$

$$=2\int_1^{2\sqrt{2}} te^{-t}dt$$

$$=2\left[-te^{-t}-e^{-t}\right]_1^{2\sqrt{2}}=-2(2\sqrt{2}+1)e^{-2\sqrt{2}}+4e^{-1}$$

◀ 部分積分で，e^{-t} を積分します。
重要ポイント **総整理！**
④ を参照！

(5) $\displaystyle\int_1^3 x^2(\log x)^2dx=\left[\dfrac{x^3}{3}(\log x)^2-\dfrac{2}{9}x^3\log x+\dfrac{2}{27}x^3\right]_1^3$

$$=9(\log 3)^2-6\log 3+\dfrac{52}{27}$$

◀ 部分積分を一行で書く方法は
重要ポイント **総整理！**
④ を参照！

(6) $\displaystyle\int_0^2 x\sqrt{2-x}\,dx=\int_0^2\{2-(2-x)\}(2-x)^{\frac{1}{2}}dx$

$$=\int_0^2\left\{2(2-x)^{\frac{1}{2}}-(2-x)^{\frac{3}{2}}\right\}dx$$

$$=\left[-\dfrac{4}{3}(2-x)^{\frac{3}{2}}+\dfrac{2}{5}(2-x)^{\frac{5}{2}}\right]_0^2$$

$$=-\left(-\dfrac{8\sqrt{2}}{3}+\dfrac{8\sqrt{2}}{5}\right)=\dfrac{16\sqrt{2}}{15}$$

◀ $(2-x)$ のかたまりで考えます。かたまりで積分するとマイナスがつくことに注意しましょう。他に，$2-x=t$ と置換したり，x 方向に -2 平行移動する方法もあります。
16 の ＼ちょっと！／**一言**
を参照！

(7) $\dfrac{a}{x}+\dfrac{b}{x-3}=\dfrac{a(x-3)+bx}{x(x-3)}=\dfrac{(a+b)x-3a}{x(x-3)}=\dfrac{1}{x(x-3)}$

の係数を比較して，$a+b=0,\ -3a=1$

$\therefore\quad a=-\dfrac{1}{3},\ b=\dfrac{1}{3}$

よって

$$\int_1^2\dfrac{dx}{x(x-3)}=\dfrac{1}{3}\int_1^2\left(\dfrac{1}{x-3}-\dfrac{1}{x}\right)dx$$

$$=\dfrac{1}{3}\left[\log|x-3|-\log|x|\right]_1^2$$

$$=\dfrac{1}{3}(-\log 2-\log 2)=-\dfrac{2}{3}\log 2$$

◀ 誘導を利用して，部分分数に分解します！

(8) $\displaystyle\int_0^{\frac{\pi}{4}}\dfrac{x}{\cos^2 x}dx=\int_0^{\frac{\pi}{4}}x(\tan x)'dx=\left[x\tan x\right]_0^{\frac{\pi}{4}}-\int_0^{\frac{\pi}{4}}\tan x\,dx$

$$=\dfrac{\pi}{4}+\left[\log|\cos x|\right]_0^{\frac{\pi}{4}}=\dfrac{\pi}{4}-\dfrac{1}{2}\log 2$$

◀ $\tan x=\dfrac{\sin x}{\cos x}$ を使います。

(9) $\dfrac{\pi x}{2}=t$ とおくと，$\dfrac{\pi}{2}=\dfrac{dt}{dx}$ $\therefore\ \dfrac{dx}{dt}=\dfrac{2}{\pi}$

$$\int_0^{\frac{2}{3}}\cos^3\dfrac{\pi x}{2}dx=\int_0^{\frac{\pi}{3}}\cos^3 t\dfrac{dx}{dt}dt=\dfrac{2}{\pi}\int_0^{\frac{\pi}{3}}\cos^3 t\,dt$$

$$=\dfrac{2}{\pi}\int_0^{\frac{\pi}{3}}(1-\sin^2 t)\cos t\,dt$$

$$=\dfrac{2}{\pi}\left[\sin t-\dfrac{1}{3}\sin^3 t\right]_0^{\frac{\pi}{3}}=\dfrac{3\sqrt{3}}{4\pi}$$

◀

x	$0\rightarrow\dfrac{2}{3}$
t	$0\rightarrow\dfrac{\pi}{3}$

◀ $f(g(x))g'(x)$ タイプになります。

重要ポイント 総整理！

1 《基本積分の確認》

積分は微分の逆演算なので

$$\left(\frac{x^{\alpha+1}}{\alpha+1}\right)'=x^\alpha \ \ \text{より} \int x^\alpha dx=\frac{1}{\alpha+1}x^{\alpha+1}+C \ \ (\alpha\neq-1)$$

$$(\log|x|)'=\frac{1}{x} \ \ \text{より} \int\frac{1}{x}dx=\log|x|+C$$

$$(\sin x)'=\cos x \ \ \text{より} \int\cos x\,dx=\sin x+C$$

$$(\cos x)'=-\sin x \ \ \text{より} \int\sin x\,dx=-\cos x+C$$

$$(\tan x)'=\frac{1}{\cos^2x} \ \ \text{より} \int\frac{1}{\cos^2x}dx=\tan x+C$$

$$(a^x)'=a^x\log a \ \ \text{より} \int a^x dx=\frac{a^x}{\log a}+C \ \ (a>0,\ a\neq1)$$

2 《逆演算を利用した積分》(合成関数の微分の逆)

(1) 1次関数の合成

$F'(x)=f(x)$ のとき，$F'(ax+b)=af(ax+b)$ から

$$\int f(ax+b)\,dx=\frac{1}{a}F(ax+b)+C \ \ (a\neq0)$$

◀ 1次関数が合成されている場合は，微分したら a が出るので，積分したら $\frac{1}{a}$ が出ます。右辺を微分すると左辺になることを確認しましょう。

例) $\displaystyle\int\cos(2x+1)\,dx=\frac{1}{2}\sin(2x+1)+C$

例) $\displaystyle\int(3x-1)^3dx=\frac{1}{3}\cdot\frac{1}{4}(3x-1)^4+C=\frac{1}{12}(3x-1)^4+C$

(2) $\dfrac{f'(x)}{f(x)}$ の積分

$$(\log|f(x)|)'=\frac{f'(x)}{f(x)} \ \ \text{から}$$

$$\int\frac{f'(x)}{f(x)}dx=\log|f(x)|+C$$

例) $\displaystyle\int\frac{e^x}{e^x+1}dx=\int\frac{(e^x+1)'}{e^x+1}dx=\log(e^x+1)+C$

◀ 右辺を微分すると左辺になることを確認しましょう！

例) $\displaystyle\int\frac{1}{x\log x}dx=\int\frac{(\log x)'}{\log x}dx=\log|\log x|+C$

(3) $f(g(x))g'(x)$ の積分 (見える置換積分)

$F'(x)=f(x)$ とするとき，$F'(g(x))=f(g(x))g'(x)$ から

$$\int f(g(x))g'(x)\,dx=F(g(x))+C \ \ \cdots\cdots(*)$$

◀ 前の2つの例もこれに含まれます。応用問題は **15** にあります。

これは，非常に重要な公式です。イメージは

$$\int (g\text{の関数})\times(g\text{の微分}) \text{ は } g \text{ を } x \text{ だと思って積分}$$

となります。合成されている中身の関数を微分したものが付いていたら，こっちの勝ちです！

例) $\displaystyle\int \sin^3 x \cos x\, dx = \int \sin^3 x (\sin x)'\, dx = \frac{1}{4}\sin^4 x + C$

◀ $g^3 g' \to \frac{1}{4}g^4$ です。

例) $\displaystyle\int \frac{(\log x)^2}{x}\, dx = \int (\log x)^2 (\log x)'\, dx = \frac{1}{3}(\log x)^3 + C$

◀ $g^2 g' \to \frac{1}{3}g^3$ です。

例) $\displaystyle\int x\sqrt{1-x^2}\, dx = \int (1-x^2)^{\frac{1}{2}}(1-x^2)'\cdot\left(-\frac{1}{2}\right)dx$
$$= -\frac{1}{3}(1-x^2)^{\frac{3}{2}} + C$$

◀ $-\frac{1}{2}g^{\frac{1}{2}}g' \to -\frac{1}{3}g^{\frac{3}{2}}$ です。

例) $\displaystyle\int xe^{x^2}\, dx = \int e^{x^2}(x^2)'\cdot\frac{1}{2}\, dx = \frac{1}{2}e^{x^2} + C$

◀ $\frac{1}{2}e^g g' \to \frac{1}{2}e^g$ です。

③ 《置換積分》

❷の(3)の(＊)の左辺において，$g(x)=t$ とおくと

$$g'(x) = \frac{dt}{dx} \qquad \therefore\quad \frac{dx}{dt} = \frac{1}{g'(x)}$$

これより

$$\int f(g(x))g'(x)\, dx = \int f(g(x))g'(x)\frac{dx}{dt}\, dt$$
$$= \int f(t)g'(x)\cdot\frac{1}{g'(x)}\, dt = \int f(t)\, dt$$

これを利用した積分を置換積分といいます。

以下，有名なものを紹介します。

(1) $\dfrac{1}{a^2+x^2}$ の積分では $x = a\tan\theta$ とおく。

例) $\displaystyle\int_0^1 \frac{1}{1+x^2}\, dx$ において，

$x = \tan\theta\ \left(-\dfrac{\pi}{2} < \theta < \dfrac{\pi}{2}\right)$

とおくと，$\dfrac{dx}{d\theta} = \dfrac{1}{\cos^2\theta}$

x	$0 \to 1$
θ	$0 \to \dfrac{\pi}{4}$

$$\int_0^1 \frac{1}{1+x^2}\, dx = \int_0^{\frac{\pi}{4}} \frac{1}{1+\tan^2\theta}\cdot\frac{1}{\cos^2\theta}\, d\theta = \int_0^{\frac{\pi}{4}} d\theta = \frac{\pi}{4}$$

◀ $1+\tan^2\theta = \dfrac{1}{\cos^2\theta}$ を利用します。

(2) $\sqrt{a^2-x^2}$ の絡んだ積分では $x = a\sin\theta$ または $x = a\cos\theta$ とおく。

例) $\displaystyle\int_0^{\frac{1}{2}} \frac{dx}{\sqrt{1-x^2}}$ において，

◀ $f(x)$ が複雑な関数の場合は，$g(x)=t$ と置換します。

◀ t の積分に変換する際，$\dfrac{dx}{dt}$ は分数のように扱ってよく，$g'(x)dx = dt$ として代入すると考えてもいいです。

◀ ❷の(3)の4つの例は順に，$\sin x=t,\ \log x=t,$ $1-x^2=t,\ x^2=t$ とおいて置換積分したのと同じといえます。
また，❸の(1)(2)は特殊な置換が必要なものです。しっかり押さえましょう。

$x=\sin\theta\ \left(-\dfrac{\pi}{2}\leqq\theta\leqq\dfrac{\pi}{2}\right)$

とおくと，$\dfrac{dx}{d\theta}=\cos\theta$

x	$0\to\dfrac{1}{2}$
θ	$0\to\dfrac{\pi}{6}$

$$\int_0^{\frac{1}{2}}\frac{dx}{\sqrt{1-x^2}}=\int_0^{\frac{\pi}{6}}\frac{1}{\sqrt{1-\sin^2\theta}}\frac{dx}{d\theta}d\theta$$

$$=\int_0^{\frac{\pi}{6}}\frac{1}{\cos\theta}\cdot\cos\theta\,d\theta=\int_0^{\frac{\pi}{6}}d\theta=\frac{\pi}{6}$$

◀ $0\leqq\theta\leqq\dfrac{\pi}{6}$ において，
$\cos\theta\geqq0$ だから，
$\dfrac{1}{\sqrt{1-\sin^2\theta}}=\dfrac{1}{\sqrt{\cos^2\theta}}$
$=\dfrac{1}{|\cos\theta|}=\dfrac{1}{\cos\theta}$
です。

◀ 区間の対応についての説明です。

《注》 積分変数 x と θ の対応が上のように必ずしも単調である必要はありません。例えば，

$0\leqq\theta\leqq\pi$ の範囲で考えて

x	$0\to\dfrac{1}{2}$
θ	$0\to\dfrac{5}{6}\pi$

$$\int_0^{\frac{1}{2}}\frac{dx}{\sqrt{1-x^2}}=\int_0^{\frac{5}{6}\pi}\frac{1}{\sqrt{1-\sin^2\theta}}\frac{dx}{d\theta}d\theta$$

$$=\int_0^{\frac{5}{6}\pi}\frac{\cos\theta}{|\cos\theta|}d\theta=\int_0^{\frac{\pi}{2}}d\theta+\int_{\frac{\pi}{2}}^{\frac{5}{6}\pi}(-1)\,d\theta$$

$$=\frac{\pi}{2}+\left(-\frac{5}{6}\pi+\frac{\pi}{2}\right)=\frac{\pi}{6}$$

としてもよいですが，場合分けが生じて面倒になります。通常 $x=\sin\theta$ とおく場合は，x と θ の対応が単調になるよう $-\dfrac{\pi}{2}\leqq\theta\leqq\dfrac{\pi}{2}$ とおいて考えます。

(3) $\displaystyle\int_\alpha^\beta\sqrt{a^2-x^2}\,dx$ は円の面積に帰着できる。

例） $\displaystyle\int_0^{\frac{1}{2}}\sqrt{1-x^2}\,dx$ において，

$y=\sqrt{1-x^2}\iff x^2+y^2=1,\ y\geqq0$ から
右の図の斜線部分の面積を
考えて

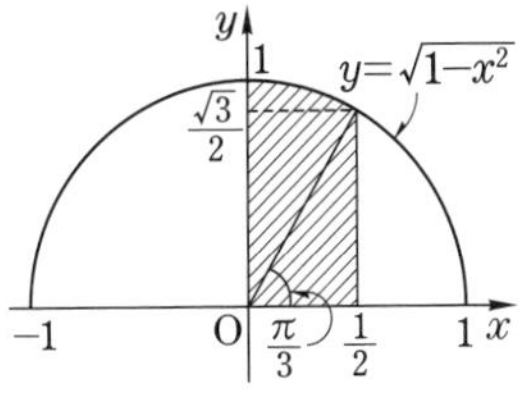

$$\int_0^{\frac{1}{2}}\sqrt{1-x^2}\,dx$$

$=$（おうぎ形の面積）

$\quad+$（三角形の面積）

$=\dfrac{1}{2}\cdot1^2\cdot\dfrac{\pi}{6}+\dfrac{1}{2}\cdot\dfrac{1}{2}\cdot\dfrac{\sqrt{3}}{2}=\dfrac{\pi}{12}+\dfrac{\sqrt{3}}{8}$

◀ $x=\sin\theta$ または
$x=\cos\theta$ とおいてもよいですが，円の面積に帰着させた方が楽です。
$x^2+y^2=1$
$\iff\begin{cases}x=\cos\theta\\y=\sin\theta\end{cases}$
より，この置換は，パラメータ積分に持ち込んでいることになります。

④ 《部分積分法》

積の微分公式から

$$\{f(x)g(x)\}' = f'(x)g(x) + f(x)g'(x)$$

$$f'(x)g(x) = \{f(x)g(x)\}' - f(x)g'(x)$$

この両辺を x で積分すると

$$\int f'(x)g(x)\,dx = f(x)g(x) - \int f(x)g'(x)\,dx$$

この考え方は，積の関数の一方を微分されたものとみて，**より易しい積分に肩代わりしてもらおう**というものです。

◀ $\int f'(x)g(x)\,dx$ がより簡単な積分になるよう計算します。

特に，複数回部分積分をする場合は，記述するのが面倒なので

$$\int f'(x)g(x)\,dx = f(x)g(x) + \int -f(x)g'(x)\,dx$$

のように，マイナスを $\int$ の中に入れてしまって，$f'(x)g(x)$ より簡単な $-f(x)g'(x)$ の積分に任せると思うと，すべての部分積分を一行で書けるようになります。

例えば，$\int x\cos x\,dx$ なら

$$\int x\cos x\,dx = x\sin x \cdots\cdots$$

次に，$x\sin x$ の x を微分した関数 $\sin x$ の積分を引くと考えるのではなく，マイナスをかけた $-\sin x$ の積分を加えると考えれば，符号に惑わされず積分に集中できます。実際には，$-\sin x$ を下の行に書いておくといいでしょう。

$$\int x\cos x\,dx = x\sin x \cdots\cdots$$
$$-\sin x$$
下に書いておく

◀ 符号に惑わされず，この積分に集中できます。

この $-\sin x$ の積分である $\cos x$ を加えて

$$\int x\cos x\,dx = x\sin x + \cos x + C$$

例えば，$\int x^2\cos x\,dx$ は2回部分積分が必要ですが，随時下に被積分関数を書き込むと

まず，$\cos x$ を積分，続いて $x^2\sin x$ の x^2 を微分したもののマイナス倍をちょい下にメモします。

◀ 一方を積分，もう一方を微分したものにマイナスをかけたものを下に書く。これを繰り返します。

$$\int x^2\cos x\,dx = x^2\sin x \cdots\cdots$$
$$-2x\sin x$$
以下この積分に集中

◀ この積分に集中！

次に，$-2x\sin x$ は，$\sin x$ を積分，続いて $2x\cos x$ の $2x$ を

微分したもののマイナス倍をちょい下にメモ

$$\int x^2 \cos x\, dx = x^2 \sin x + 2x \cos x \cdots\cdots$$
$$-2x \sin x \qquad \underset{\text{以下この積分に集中}}{-2\cos x}$$

◀ この積分に集中！

最後に，$-2\cos x$ を積分して出来上がり。

$$\int x^2 \cos x\, dx = x^2 \sin x + 2x \cos x - 2\sin x + C$$
$$-2x \sin x \qquad -2\cos x$$

◀ 右辺を微分して左辺になることを確認すると完璧です。

のように一行で書けます。

◀ (多項式関数)×e^x の積分公式に関しては 17 を参照！

例）
$$\int x^3 e^x dx = \underset{e^x \text{積分}}{x^3 e^x} \quad - \quad \underset{3x^2 \text{微分して−倍}}{3x^2 e^x} \quad + \quad \underset{6x \text{微分して−倍}}{6xe^x - 6e^x} + C$$
$$\underset{e^x \text{積分}}{-3x^2 e^x} \qquad \underset{e^x \text{積分}}{6xe^x} \qquad \underset{e^x \text{積分}}{-6e^x}$$

《注》 どちらを積分してどちらを微分するかですが，原則として，e^x は積分担当，$\log x$ は微分担当です。残った積分が簡単になるよう変形しましょう。

⑤ 《積分の技巧》

(1) （多項式関数の積分）$\implies$ $ax+b$ のかたまりで考える！

$$\int x\sqrt{x-1}\, dx = \int \{(x-1)+1\}(x-1)^{\frac{1}{2}} dx$$

◀ $(x-1)$ をかたまりにして考えます。

$$= \int \{(x-1)^{\frac{3}{2}} + (x-1)^{\frac{1}{2}}\} dx$$

$$= \frac{2}{5}(x-1)^{\frac{5}{2}} + \frac{2}{3}(x-1)^{\frac{3}{2}} + C$$

$$\int x(3-x)^n dx = \int \{3-(3-x)\}(3-x)^n dx$$

◀ $(3-x)$ をかたまりにして考えます。
左の計算は，n を自然数として計算しています。

$$= \int \{3(3-x)^n - (3-x)^{n+1}\} dx$$

$$= -\frac{3}{n+1}(3-x)^{n+1} + \frac{1}{n+2}(3-x)^{n+2} + C$$

《注》 上の積分では

$$\int f(ax+b)\, dx = \frac{1}{a} F(ax+b) + C \quad (F'(x) = f(x))$$

◀ $a \neq 0$ のときです。

の特別な形の

$$\int (ax+b)^n dx = \frac{1}{a} \cdot \frac{1}{n+1}(ax+b)^{n+1} + C$$

◀ $a \neq 0$，$n \neq -1$ のときです。

を利用しています。

(2) （分数関数の積分）$\implies$ 部分分数に分解する！

分解が難しいものは恒等式の誘導がつくことが多いですが，簡単なものは自分で調整しましょう。

① $\displaystyle\int\frac{1}{x(x+1)}\,dx=\int\left(\frac{1}{x}-\frac{1}{x+1}\right)dx$

$\displaystyle\qquad\qquad\qquad=\log|x|-\log|x+1|+C$

$\displaystyle\qquad\qquad\qquad=\log\left|\frac{x}{x+1}\right|+C$

② $\displaystyle\int\frac{x}{(x+1)(x+2)}\,dx=\int\left(\frac{2}{x+2}-\frac{1}{x+1}\right)dx$

$\displaystyle\qquad\qquad\qquad\qquad=2\log|x+2|-\log|x+1|+C$

$\displaystyle\qquad\qquad\qquad\qquad=\log\frac{(x+2)^2}{|x+1|}+C$

が思いつかなければ

$\displaystyle\qquad\frac{x}{(x+1)(x+2)}=\frac{(x+1)-1}{(x+1)(x+2)}$

◀ $(x+1)$ か $(x+2)$ を分子に作ります。

$\displaystyle\qquad\qquad\qquad\quad=\frac{1}{x+2}-\frac{1}{(x+1)(x+2)}$

$\displaystyle\qquad\qquad\qquad\quad=\frac{1}{x+2}-\left(\frac{1}{x+1}-\frac{1}{x+2}\right)$

$\displaystyle\qquad\qquad\qquad\quad=\frac{2}{x+2}-\frac{1}{x+1}$

とするのもよいでしょう。

③ $\displaystyle\int\frac{1}{x(x-1)^2}\,dx$ については,

$\displaystyle\qquad\frac{1}{x(x-1)}=\frac{1}{x-1}-\frac{1}{x}$ の両辺に $\displaystyle\frac{1}{x-1}$ をかけて

◀ 分母の次数の低いものを考えて,そこから作り出します。

$\displaystyle\qquad\frac{1}{x(x-1)^2}=\frac{1}{(x-1)^2}-\frac{1}{x(x-1)}$

$\displaystyle\qquad\qquad\qquad=\frac{1}{(x-1)^2}-\frac{1}{x-1}+\frac{1}{x}$

これより

$\displaystyle\qquad\int\frac{1}{x(x-1)^2}\,dx=\int\left\{\frac{1}{(x-1)^2}-\frac{1}{x-1}+\frac{1}{x}\right\}dx$

$\displaystyle\qquad\qquad\qquad\qquad=-\frac{1}{x-1}-\log|x-1|+\log|x|+C$

$\displaystyle\qquad\qquad\qquad\qquad=-\frac{1}{x-1}+\log\left|\frac{x}{x-1}\right|+C$

(3) **（三角関数の積分）**

① $\displaystyle\int\sin^2x\,dx=\int\frac{1-\cos 2x}{2}\,dx=\frac{x}{2}-\frac{\sin 2x}{4}+C$

◀ 偶数乗なら半角公式や漸化式で次数下げをします！

$\displaystyle\quad\ \int\cos^2x\,dx=\int\frac{1+\cos 2x}{2}\,dx=\frac{x}{2}+\frac{\sin 2x}{4}+C$

② $\displaystyle\int \sin^m x \cos^n x\, dx$（$m$ または n が奇数）は，$\sin x$ または

$\cos x$ を 1 つだけ残すと $\displaystyle\int f(g(x))g'(x)\, dx$ に持ち込める！

例）$\displaystyle\int \sin^3 x\, dx = \int \sin^2 x \cdot \sin x\, dx$

$\qquad\qquad = \int (\cos^2 x - 1)(-\sin x)\, dx$

$\qquad\qquad = \dfrac{1}{3}\cos^3 x - \cos x + C$

◀ 奇数乗なので，$\sin x$ を
1 つ分けられます。

例）$\displaystyle\int \sin^3 x \cos^2 x\, dx = \int \sin x (1 - \cos^2 x) \cos^2 x\, dx$

$\qquad\qquad\qquad = \int (\cos^2 x \sin x - \cos^4 x \sin x)\, dx$

$\qquad\qquad\qquad = -\dfrac{1}{3}\cos^3 x + \dfrac{1}{5}\cos^5 x + C$

◀ 奇数乗の方，今回は
$\sin x$ を 1 つ残して，
$\cos x$ にすれば，
$f(g(x))g'(x)$ の積分に
持ち込めます。

例）$\displaystyle\int \dfrac{1}{\sin x}\, dx = \int \dfrac{\sin x}{\sin^2 x}\, dx = \int \dfrac{\sin x}{1 - \cos^2 x}\, dx$

$\qquad\qquad = \int \dfrac{1}{2}\left(\dfrac{1}{1 + \cos x} + \dfrac{1}{1 - \cos x}\right)\sin x\, dx$

$\qquad\qquad = \dfrac{1}{2}\int \left(\dfrac{\sin x}{1 + \cos x} + \dfrac{\sin x}{1 - \cos x}\right)dx$

$\qquad\qquad = \dfrac{1}{2}(-\log|1 + \cos x| + \log|1 - \cos x|) + C$

$\qquad\qquad = \dfrac{1}{2}\log \dfrac{1 - \cos x}{1 + \cos x} + C$

◀ $\sin^{-1} x$ で奇数乗，分母
分子に $\sin x$ をかけると
（$\cos x$ の関数）
×（$\cos x$ の微分）がイメ
ージできるので，部分分
数に分けて $\dfrac{f'(x)}{f(x)}$ の積
分へ！
これは覚えておこう！

③ 微分公式の逆の利用！

$\displaystyle\int \dfrac{1}{\cos^2 x}\, dx = \tan x + C$

$\displaystyle\int \dfrac{1}{\sin^2 x}\, dx = -\dfrac{1}{\tan x} + C$

$\displaystyle\int \dfrac{1}{\tan^2 x}\, dx = \int \left(\dfrac{1}{\sin^2 x} - 1\right)dx = -\dfrac{1}{\tan x} - x + C$

◀ $(\tan x)' = \dfrac{1}{\cos^2 x}$

◀ $\left(\dfrac{1}{\tan x}\right)' = -\dfrac{1}{\sin^2 x}$

◀ $\dfrac{1}{\tan^2 x} = \dfrac{1 - \sin^2 x}{\sin^2 x}$

④ $\sin mx \cos nx$ などの積分は積和公式で！

$\displaystyle\int \sin 2x \cos 3x\, dx = \dfrac{1}{2}\int (\sin 5x - \sin x)\, dx$

$\qquad\qquad\qquad = -\dfrac{1}{10}\cos 5x + \dfrac{1}{2}\cos x + C$

$\displaystyle\int \sin 2x \sin 3x\, dx = \dfrac{1}{2}\int (\cos x - \cos 5x)\, dx$

$\qquad\qquad\qquad = \dfrac{1}{2}\sin x - \dfrac{1}{10}\sin 5x + C$

◀ これに関して詳しくは，
14 を参照！

テーマ **1** r^n の極限

r^n の極限は

$$\lim_{n\to\infty} r^n = \begin{cases} 0 & (|r|<1) \\ 1 & (r=1) \end{cases} \left.\vphantom{\begin{cases}0\\1\end{cases}}\right\} 収束$$
$$\begin{cases} \infty & (r>1) \\ 振動 & (r\leqq-1) \end{cases} \left.\vphantom{\begin{cases}\infty\\振動\end{cases}}\right\} 発散$$

に注意して処理するのが基本となります。

$\lim\limits_{n\to\infty} r^n$ の収束条件は $-1<r\leqq1$ です。

◀ 問題を解く際，$|r|>1$ のときは，$\lim\limits_{n\to\infty}\dfrac{1}{r^n}=0$ を利用します。

解答

(1) $a_{n+1}=a_n{}^2+b_n{}^2\ (n=1,\ 2,\ 3,\ \cdots\cdots)\ \cdots\cdots①$

$b_{n+1}=2a_nb_n\ (n=1,\ 2,\ 3,\ \cdots\cdots)\qquad\cdots\cdots②$

①＋② より

$$a_{n+1}+b_{n+1}=a_n{}^2+2a_nb_n+b_n{}^2=(a_n+b_n)^2$$

$c_n=a_n+b_n$ とおくと，$c_{n+1}=c_n{}^2\ \cdots\cdots(*)$

$c_1=a+b$ より，$\boldsymbol{c_n=(a+b)^{2^{n-1}}}$

◀ 加えることによって，c_n を作ります。塊のヒント（今回は a_n+b_n）がある問題では，言われた通りにその塊を作る方針でいきましょう。

◀ $(*)$ の漸化式の変形については

＼ちょっと/ 一言 を参照！

(2) (1)より，$c_n=a_n+b_n=(a+b)^{2^{n-1}}\ \cdots\cdots③$

また，①－② より

$$a_{n+1}-b_{n+1}=a_n{}^2-2a_nb_n+b_n{}^2=(a_n-b_n)^2$$
$$a_n-b_n=(a_1-b_1)^{2^{n-1}}=(a-b)^{2^{n-1}}\ \cdots\cdots④$$

③＋④ から，$\boldsymbol{a_n=\dfrac{(a+b)^{2^{n-1}}+(a-b)^{2^{n-1}}}{2}}$

③－④ から，$\boldsymbol{b_n=\dfrac{(a+b)^{2^{n-1}}-(a-b)^{2^{n-1}}}{2}}$

(3) $a>b>0$ より，$a+b>a-b>0$ であるから，

$$0<\frac{a-b}{a+b}<1,\ これより，\lim_{n\to\infty}\left(\frac{a-b}{a+b}\right)^{2^{n-1}}=0\ となり$$

$$\lim_{n\to\infty}\frac{\boldsymbol{b_n}}{\boldsymbol{a_n}}=\lim_{n\to\infty}\frac{(a+b)^{2^{n-1}}-(a-b)^{2^{n-1}}}{(a+b)^{2^{n-1}}+(a-b)^{2^{n-1}}}$$

$$=\lim_{n\to\infty}\frac{1-\left(\dfrac{a-b}{a+b}\right)^{2^{n-1}}}{1+\left(\dfrac{a-b}{a+b}\right)^{2^{n-1}}}=\boldsymbol{1}$$

◀ $0<a-b<a+b$ から，$(a-b)^{2^{n-1}}$ より $(a+b)^{2^{n-1}}$ の方が強いので，$\left(\dfrac{a-b}{a+b}\right)^{2^{n-1}}$ を作ります。

(4) $a_n=\dfrac{(a+b)^{2^{n-1}}+(a-b)^{2^{n-1}}}{2}$

◀ この変形に関しては

＼ちょっと/ 一言 を参照！

$$=\frac{1}{2}(a+b)^{2^{n-1}}\left\{1+\left(\frac{a-b}{a+b}\right)^{2^{n-1}}\right\}$$

ここで，$\displaystyle\lim_{n\to\infty}\left(\frac{a-b}{a+b}\right)^{2^{n-1}}=0$ であるから，

$a+b>1$ のとき，$\displaystyle\lim_{n\to\infty}a_n=\infty$

$a+b=1$ のとき，$\displaystyle\lim_{n\to\infty}a_n=\frac{1}{2}$

$a+b<1$ のとき，$\displaystyle\lim_{n\to\infty}a_n=0$

となる。$\displaystyle\sum_{n=1}^{\infty}a_n$ が収束するとき，$\displaystyle\lim_{n\to\infty}a_n=0$ であるから，

$a+b<1$ である。

◀ これに関しては
重要ポイント 総整理!
を参照！

＼ちょっと／
一言

❶ （＊）について

$c_{n+1}=c_n{}^2$ は

$$c_2=c_1{}^2,\quad c_3=c_2{}^2=c_1{}^4,\quad c_4=c_3{}^2=c_1{}^8,\quad\cdots\cdots$$

というように，つねに前の項の2乗になりますので，c_1 を

$n-1$ 回2乗して

$$c_n=(c_1)^{2^{n-1}}$$

となります。または，すべての自然数 n で $c_n>0$ を確認した

後，対数をとると

$$\log c_{n+1}=\log c_n{}^2=2\log c_n$$

から，数列 $\{\log c_n\}$ は公比2の等比数列なので

$$\log c_n=2^{n-1}\log c_1=\log c_1{}^{2^{n-1}}\qquad\therefore\quad c_n=c_1{}^{2^{n-1}}$$

ともできます。

❷ (4)の変形について

例えば，$\displaystyle\lim_{n\to\infty}(3^n-2^n)$ を考える場合，3^n の方が強いので，

3^n でくくって，$\left(\dfrac{2}{3}\right)^n$ を作り

$$3^n\left\{1-\left(\frac{2}{3}\right)^n\right\}\to\infty\quad(n\to\infty)$$

とします。(4)では，$a+b$ が強いので，$(a+b)^{2^{n-1}}$ でくくったわ

けです。

◀ $r\neq1$ のとき，r^n の極限
では
$\displaystyle\lim_{n\to\infty}r^n=0\ (|r|<1)$
に帰着しましょう！

重要ポイント 総整理！

$$\sum_{n=1}^{\infty} a_n \text{ が収束すれば, } \lim_{n \to \infty} a_n = 0 \text{ である。} \quad \cdots\cdots(**)$$

◀ 一般に，逆は成り立たないことに注意！
反例については，

＼ちょっと／
一言 を参照！

【証明】 $\sum_{k=1}^{n} a_k = S_n$ とおく。

$\sum_{n=1}^{\infty} a_n$ が収束するとき，その極限値を S とすると， $\lim_{n \to \infty} S_n = S$

である。

このとき， $a_n = S_n - S_{n-1}$ $(n \geqq 2)$ から

$$\lim_{n \to \infty} a_n = \lim_{n \to \infty} (S_n - S_{n-1}) = S - S = 0$$

となる。

この対偶を考えると

$$\lim_{n \to \infty} a_n \neq 0 \text{ ならば, } \sum_{n=1}^{\infty} a_n \text{ は収束しない。}$$

◀ 無限級数の収束判定法です。

こちらは，無限級数の収束判定に用いることができます。

例えば

$$\frac{1}{2} + \frac{2}{3} + \frac{3}{4} + \cdots\cdots + \frac{n}{n+1} + \cdots\cdots$$

は， $\lim_{n \to \infty} \dfrac{n}{n+1} = 1$ より，収束しないことがわかります。

＼ちょっと／
一言

$$\lim_{n \to \infty} a_n = 0 \text{ であっても } \sum_{n=1}^{\infty} a_n \text{ が存在するとは限らない。}$$

例えば， $a_n = \log \dfrac{n+1}{n}$ とすると

$$\lim_{n \to \infty} a_n = \lim_{n \to \infty} \log \left(1 + \frac{1}{n} \right) = 0$$

ですが

$$\sum_{k=1}^{n} a_k = \sum_{k=1}^{n} \log \frac{k+1}{k} = \log \frac{2}{1} + \log \frac{3}{2} + \cdots\cdots + \log \frac{n+1}{n}$$

$$= \log \frac{2}{1} \cdot \frac{3}{2} \cdot \frac{4}{3} \cdots\cdots \frac{n+1}{n} = \log (n+1)$$

より $\sum_{k=1}^{\infty} a_n = \infty$ となり，収束しません。

◀ (**) の逆は偽です。
間違えやすいので注意しましょう。

◀ ２ の差分解を用いて
$\log \dfrac{k+1}{k} = \log (k+1) - \log k$
として和を計算することもできます。

テーマ **2** | 無限級数

2 アプローチ

　無限級数

$$S = a_1 + a_2 + a_3 + \cdots\cdots + a_n + \cdots\cdots$$

の和を求めるには，第 n 部分和

$$S_n = a_1 + a_2 + a_3 + \cdots\cdots + a_n$$

を求めて，$n \to \infty$ とするのが原則です。すなわち

$$S = \lim_{n \to \infty} S_n$$

とします。

◀ 重要ポイント **総整理!** を参照!

解答

(1)　等式の分母をはらって，$x + 3 = A(x+1) + Bx$

$$= (A+B)x + A$$

　　両辺の係数を比べて，$A + B = 1$，$A = 3$

$$\therefore \quad \boldsymbol{A = 3, \ B = -2}$$

◀ (1)は(2)で差分解をするためのヒントです!

(2)　(1)より，$\dfrac{n+3}{n(n+1)} = \dfrac{3}{n} - \dfrac{2}{n+1}$

$$\therefore \quad a_n = \frac{3}{n}\left(\frac{2}{3}\right)^n - \frac{2}{n+1}\left(\frac{2}{3}\right)^n$$

$$= 3\left\{\frac{1}{n}\left(\frac{2}{3}\right)^n - \frac{1}{n+1}\left(\frac{2}{3}\right)^{n+1}\right\}$$

$$\therefore \quad \sum_{k=1}^{n} a_k = 3\sum_{k=1}^{n}\left\{\frac{1}{k}\left(\frac{2}{3}\right)^k - \frac{1}{k+1}\left(\frac{2}{3}\right)^{k+1}\right\} \quad \cdots\cdots(*)$$

$$= 3\left\{\frac{1}{1}\cdot\left(\frac{2}{3}\right)^1 - \frac{1}{n+1}\left(\frac{2}{3}\right)^{n+1}\right\}$$

$$\therefore \quad \sum_{n=1}^{\infty} \boldsymbol{a_n} = \lim_{n \to \infty}\sum_{k=1}^{n} a_k = 3\cdot\frac{2}{3} = \boldsymbol{2}$$

◀ $b_n = \dfrac{1}{n}\left(\dfrac{2}{3}\right)^n$ と見れば，差に分解可能です。

　＼ちょっと／ **一言** を参照!
このように和の公式が使えないときは，差分解を狙うのが一つの選択肢です。

＼ちょっと／ **一言**

　$(*)$ の $\displaystyle\sum_{k=1}^{n} a_k$ では和の公式は使えませんから，次のようにして

計算しています。$b_k = \dfrac{1}{k}\left(\dfrac{2}{3}\right)^k$ と見れば

$$\sum_{k=1}^{n} a_k = 3\sum_{k=1}^{n}(b_k - b_{k+1})$$

$$= 3\{(b_1 - b_2) + (b_2 - b_3) + \cdots\cdots + (b_n - b_{n+1})\}$$

$$= 3(b_1 - b_{n+1})$$

◀ 和の公式が使えないときは，差分解できるか考えましょう!
$\dfrac{1}{k(k+1)} = \dfrac{1}{k} - \dfrac{1}{k+1}$
と同じ考え方です。

そもそも，$\sum_{k=1}^{n} k^2$ などの $\sum$ 公式も，k^2 を差に分解して導きます。

シグマの基本は差に分解すること！

です。しっかりイメージしてください。

◀ 数学Bの教科書で確認してみましょう。

重要ポイント 総整理！

無限級数の和の計算では

① 第 n 部分和を計算して $n \to \infty$ とするのが原則

ですが，第 n 部分和が計算できない場合は

② はさみうちの原理の利用

③ 区分求積法

などを利用することになります。

◀ まず和が計算できるか考えます。できなければ ② か ③ を利用します。

〈はさみうちの原理の利用〉

(1) $x>0$ のとき，$1<\sqrt{1+x}<1+x$ が成り立つことを示せ。

(2) $\displaystyle\lim_{n \to \infty} \frac{1}{n}\sum_{k=1}^{n}\sqrt{1+\frac{k}{n^2}}$ の値を求めよ。

(群馬大)

解答 (1) $x>0$ のとき，$1<\sqrt{1+x}$ である。両辺に $\sqrt{1+x}$

をかけて

$$\sqrt{1+x}<1+x$$

よって，$1<\sqrt{1+x}<1+x$

◀ (1)は(2)ではさみうちするためのヒントです！
不等式があって極限ときたら，はさみうちの可能性が大です！
区分求積法を使う問題に関しては 21 を参照！

(2) (1)において，$x=\dfrac{k}{n^2}$ とすると

$$1<\sqrt{1+\frac{k}{n^2}}<1+\frac{k}{n^2}$$

各辺の和を考えて

$$\sum_{k=1}^{n}1<\sum_{k=1}^{n}\sqrt{1+\frac{k}{n^2}}<\sum_{k=1}^{n}\left(1+\frac{k}{n^2}\right)$$

$$\therefore\quad n<\sum_{k=1}^{n}\sqrt{1+\frac{k}{n^2}}<n+\frac{1}{n^2}\cdot\frac{n(n+1)}{2}$$

各辺を n で割ると

$$1<\frac{1}{n}\sum_{k=1}^{n}\sqrt{1+\frac{k}{n^2}}<1+\frac{n+1}{2n^2}$$

ここで，$\displaystyle\lim_{n\to\infty}\frac{n+1}{2n^2}=\lim_{n\to\infty}\frac{1}{2n}\left(1+\frac{1}{n}\right)=0$ であるから，はさみ

うちの原理より

$$\lim_{n\to\infty}\frac{1}{n}\sum_{k=1}^{n}\sqrt{1+\frac{k}{n^2}}=1$$

テーマ 3 | 無限等比級数

3 **アプローチ**

P_nP_{n+1} は同じ操作の繰り返しによって作られます。このような場合は漸化式の出番です。$\triangle OP_nP_{n+1}$ と $\triangle OP_{n+1}P_{n+2}$ の関係を利用して，P_nP_{n+1} と $P_{n+1}P_{n+2}$ の関係を導きましょう。P_nP_{n+1} は等比数列となるので，(2)は無限等比級数となります。収束条件がポイントです。

◀ ほとんどの図形と無限等比級数の問題では，作図から立式までが最も難しいです。

解答

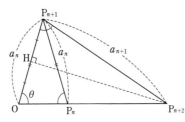

◀ $\triangle OP_nP_{n+1}\backsim\triangle OP_{n+1}P_{n+2}$ に着目します。

(1) $P_nP_{n+1}=a_n$ とおくと，$P_{n+1}P_{n+2}=a_{n+1}$

$$OP_{n+1}=P_nP_{n+1}=a_n$$

$\triangle OP_{n+1}P_{n+2}$ は，$P_{n+1}P_{n+2}=OP_{n+2}$ の二等辺三角形であるので，$0<\theta<\dfrac{\pi}{2}$ であり，P_{n+2} から OP_{n+1} に垂線 $P_{n+2}H$ を引くと，H は OP_{n+1} の中点である。よって

◀ 二等辺三角形は分割せよ！
別解に関しては
＼ちょっと！／一言 を参照！

$$a_{n+1}\times\cos\theta\times2=a_n \quad \therefore \quad a_{n+1}=\dfrac{a_n}{2\cos\theta}$$

同様に $a_1\times\cos\theta\times2=OP_1$ より，$a_1=\dfrac{OP_1}{2\cos\theta}=\dfrac{1}{2\cos\theta}$

よって，数列 $\{a_n\}$ は，初項 $\dfrac{1}{2\cos\theta}$，公比 $\dfrac{1}{2\cos\theta}$ の等比数列であるから

$$a_n=P_nP_{n+1}=\dfrac{1}{(2\cos\theta)^n}$$

(2) (1)より，$P_1P_2+P_2P_3+\cdots\cdots+P_nP_{n+1}+\cdots\cdots$

は初項 $\dfrac{1}{2\cos\theta}$，公比 $\dfrac{1}{2\cos\theta}$ の無限等比級数である。

よって，収束条件は，$-1<\dfrac{1}{2\cos\theta}<1$ であるが，

$0<\theta<\dfrac{\pi}{2}$ より，$\cos\theta>0$ であるので

◀ 初項が0でないので，無限等比級数の公比を r とすると，収束条件は $-1<r<1$ です。

$$\frac{1}{2\cos\theta}<1 \qquad \therefore \quad \cos\theta>\frac{1}{2}$$

$$\therefore \quad 0<\theta<\frac{\pi}{3}$$

このとき，与えられた無限等比級数は収束し，その和は

$$\frac{\dfrac{1}{2\cos\theta}}{1-\dfrac{1}{2\cos\theta}}=\frac{1}{2\cos\theta-1}$$

◀ 初項 a，公比 r のとき，無限等比級数の和は $\dfrac{a}{1-r}$ です。図形的に考えると

① $\theta>\dfrac{\pi}{3}$ のとき

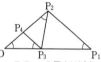

P_nP_{n+1} の長さは増加

② $\theta<\dfrac{\pi}{3}$ のとき

P_nP_{n+1} の長さは減少

③ $\theta=\dfrac{\pi}{3}$ のときは正三角形となり，P_nP_{n+1} の長さは一定です。

＼ちょっと／ 一言

(1)では，$\triangle OP_{n+1}P_{n+2}$ において，正弦定理から

$$\frac{P_{n+1}P_{n+2}}{\sin\theta}=\frac{OP_{n+1}}{\sin(\pi-2\theta)}$$

$P_nP_{n+1}=a_n$ とおくと，$OP_{n+1}=P_nP_{n+1}=a_n$ であるので

$$\frac{a_{n+1}}{\sin\theta}=\frac{a_n}{\sin2\theta} \qquad \therefore \quad a_{n+1}=\frac{a_n}{2\cos\theta}$$

ともできます。

重要ポイント 総整理！

無限級数のうち，特に等比数列の無限項の和

$$S=a+ar+ar^2+ar^3+\cdots\cdots+ar^{n-1}+\cdots\cdots$$

を初項 a，公比 r の**無限等比級数**といいます。

① $a=0$ のとき，$S=0$

② $a\neq0$ のときは，

（i）$r\neq1$ のとき

$$S=a+ar+ar^2+ar^3+\cdots\cdots+ar^{n-1}+\cdots\cdots$$

$$=\lim_{n\to\infty}(a+ar+ar^2+\cdots\cdots+ar^{n-1})=\lim_{n\to\infty}\frac{a(1-r^n)}{1-r}$$

より，$-1<r<1$ のとき，$\displaystyle\lim_{n\to\infty}r^n=0$ より収束し

$$S=\frac{a}{1-r}$$

◀ 第 n 部分和を求めて $n\to\infty$ とします。

（ii）$r=1$ のとき

$$S=\lim_{n\to\infty}(\underbrace{a+a+\cdots\cdots+a}_{n個})=\lim_{n\to\infty}na=\infty \text{ または } -\infty$$

これより

収束条件は，**$a=0$ または $-1<r<1$**

となります。

◀ 初項が0のときは公比によらず収束するので注意！

テーマ **4** 角度の極限（三角関数の極限）

4 アプローチ

θ_n を n で表すのは不可能です。

角度の極限ときたら

$$\lim_{\theta \to 0} \frac{\sin \theta}{\theta} = 1$$

$$\lim_{\theta \to 0} \frac{\tan \theta}{\theta} = 1$$

に帰着させよ！　が原則です。

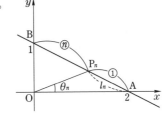

θ_n は n で表せませんが，$\sin \theta_n$，$\tan \theta_n$ なら n で表せます。今回は $\tan \theta_n$ の方がきれいですから，$\tan \theta_n$ を介して極限を求めましょう。

◁ θ_n を n の式で表すのは厳しいですが，

\ちょっと!/
一言
にもあるように，
$\lim_{\theta \to 0} \frac{\tan \theta}{\theta} = 1$ が成り立つことから，$\theta \fallingdotseq 0$ のとき，$\tan \theta \fallingdotseq \theta$ というイメージを持ちたいものです。つまり，$\theta \fallingdotseq 0$ のとき，
$\frac{l_n}{\theta_n} \fallingdotseq \frac{l_n}{\tan \theta_n}$
として考える感覚です。ただし，このまま答案に書くのは気が引けますから，解答のように記述しましょう。

解答

点 $P_n\left(\dfrac{2n}{n+1},\ \dfrac{1}{n+1}\right)$ より，$\tan \theta_n = \dfrac{1}{2n}$，$l_n = AP_n = \dfrac{\sqrt{5}}{n+1}$

であるから

$$\lim_{n \to \infty} \frac{l_n}{\theta_n} = \lim_{n \to \infty} \frac{l_n}{\tan \theta_n} \cdot \frac{\tan \theta_n}{\theta_n}$$

$$= \lim_{n \to \infty} \frac{\dfrac{\sqrt{5}}{n+1}}{\dfrac{1}{2n}} \cdot \frac{\tan \theta_n}{\theta_n} = \lim_{n \to \infty} \frac{2\sqrt{5}\,n}{n+1} \cdot \frac{\tan \theta_n}{\theta_n}$$

$$= 2\sqrt{5} \quad (\because \quad n \to \infty \text{ のとき } \theta_n \to 0)$$

◁ もちろん，
$\frac{l_n}{\theta_n} = \frac{l_n}{\sin \theta_n} \cdot \frac{\sin \theta_n}{\theta_n}$
として $\sin \theta_n$ を利用して求めてもオッケーです。

重要ポイント 総整理！

三角関数の極限では，以下の 3 つの式を押さえましょう！

❶ $\lim_{\theta \to 0} \dfrac{\sin \theta}{\theta} = 1$

【証明】

◁ これが一番重要です！
❷，❸ はこれから作れます。

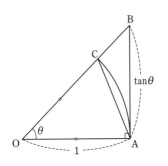

$0<\theta<\dfrac{\pi}{2}$ のとき，前のページの図において面積を比較すると

$$（三角形 OAC）<（扇形 OAC）<（三角形 OAB）$$

であるので

$$\dfrac{1}{2}\cdot 1^2\cdot\sin\theta<\dfrac{1}{2}\cdot 1^2\cdot\theta<\dfrac{1}{2}\cdot 1\cdot\tan\theta$$

$\therefore\quad \boldsymbol{\sin\theta<\theta<\tan\theta}\quad \cdots\cdots(*)$

$\therefore\quad \cos\theta<\dfrac{\sin\theta}{\theta}<1$

はさみうちの原理より

$$\lim_{\theta\to +0}\dfrac{\sin\theta}{\theta}=1$$

ここで，$f(\theta)=\dfrac{\sin\theta}{\theta}$ とおくと，$f(-\theta)=f(\theta)$ であるから，$f(\theta)$ は偶関数である。

よって，$\displaystyle\lim_{\theta\to -0}\dfrac{\sin\theta}{\theta}=1$ となるから，$\displaystyle\lim_{\theta\to 0}\dfrac{\sin\theta}{\theta}=1$

② $\displaystyle\lim_{\theta\to 0}\dfrac{1-\cos\theta}{\theta^2}=\dfrac{1}{2}$

【証明】

$$\lim_{\theta\to 0}\dfrac{1-\cos\theta}{\theta^2}=\lim_{\theta\to 0}\dfrac{1-\cos^2\theta}{\theta^2(1+\cos\theta)}$$

$$=\lim_{\theta\to 0}\left(\dfrac{\sin\theta}{\theta}\right)^2\cdot\dfrac{1}{1+\cos\theta}=1^2\cdot\dfrac{1}{2}=\dfrac{1}{2}$$

③ $\displaystyle\lim_{\theta\to 0}\dfrac{\tan\theta}{\theta}=1$

【証明】

$$\lim_{\theta\to 0}\dfrac{\tan\theta}{\theta}=\lim_{\theta\to 0}\dfrac{\sin\theta}{\theta}\cdot\dfrac{1}{\cos\theta}=1$$

◢ ＼ちょっと／ 一言

0-1 の ＼ちょっと／ 一言 でも説明しましたが，極限の公式 **①**，**②**，**③** より，$\theta\fallingdotseq 0$ のとき，$\sin\theta\fallingdotseq\theta$，$1-\cos\theta\fallingdotseq\dfrac{1}{2}\theta^2$，$\tan\theta\fallingdotseq\theta$ ということです。つまり，$\sin\theta$ や $\tan\theta$ を θ に置き換えてよいというイメージです。

◀ （*）は重要な不等式です。$0\leqq x<\dfrac{\pi}{2}$ での３つのグラフの関係は図のようになります。

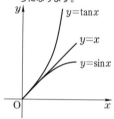

◀ 偶関数のグラフは y 軸に関して対称です！

◀ 分母・分子に $1+\cos\theta$ をかけると $\dfrac{\sin\theta}{\theta}$ が作れます。

◀ 例えば，$\theta\fallingdotseq 0$ のとき，$\sin 2\theta\fallingdotseq 2\theta$ から $\dfrac{\sin 2\theta}{\theta}\fallingdotseq\dfrac{2\theta}{\theta}=2$ という感覚です。

テーマ 5 | 解けない漸化式の極限

5 アプローチ

解けない漸化式の極限では，$r\,(0<r<1)$ に対して，不等式
$$|x_{n+1}-\alpha|\leqq r|x_n-\alpha|$$
を作成し，はさみうちの原理を利用して
$$\lim_{n\to\infty}|x_n-\alpha|=0$$
を証明することによって，$\lim_{n\to\infty}x_n=\alpha$ を示します。通常は不等式の誘導が付きますので，解答の流れをつかんでください。

◀ 本問では，$x_n\geqq\alpha$ を示した後，絶対値を用いないで，
$0\leqq x_{n+1}-\alpha\leqq r(x_n-\alpha)$
を利用して
$\lim_{n\to\infty}(x_n-\alpha)=0$ を証明することにより，
$\lim_{n\to\infty}x_n=\alpha$ を示しています。

解答

(1) $x_1=1>\dfrac{1}{5}$，$n=k\ (\geqq1)$ で $x_k\geqq\dfrac{1}{5}$ とすると，

相加相乗平均の不等式より
$$x_{k+1}=\frac{1}{2}\left(x_k+\frac{1}{25x_k}\right)\geqq\sqrt{x_k\cdot\frac{1}{25x_k}}=\frac{1}{5}$$

よって，$n=k+1$ でも成立する。したがって，数学的帰納法により，すべての自然数 n で与式は成立する。

◀ 自然数 n に関する命題の証明は，数学的帰納法を使うことが多いです！

(2) $x_{n+1}=\dfrac{1}{2}\left(x_n+\dfrac{1}{25x_n}\right)$ の両辺から $\dfrac{1}{5}$ を引いて，

右辺を変形すると
$$\begin{aligned}x_{n+1}-\frac{1}{5}&=\frac{1}{2}\left(x_n+\frac{1}{25x_n}\right)-\frac{1}{5}\\&=\frac{1}{2}\cdot\frac{(5x_n-1)^2}{25x_n}=\frac{1}{2x_n}\left(x_n-\frac{1}{5}\right)^2\\&=\frac{1}{2}\left(1-\frac{1}{5x_n}\right)\left(x_n-\frac{1}{5}\right)\\&\leqq\frac{1}{2}\left(x_n-\frac{1}{5}\right)\end{aligned}$$
$$\left(\because\ 0<\frac{1}{2}\left(1-\frac{1}{5x_n}\right)<\frac{1}{2},\ x_n-\frac{1}{5}\geqq0\right)$$

◀ 右辺に $x_n-\dfrac{1}{5}$ を作るのを目標に変形します。
重要ポイント 総整理！
❹ を参照！

◀ 青色の字の部分が $\dfrac{1}{2}$ 以下といえば，不等式が作成できます。

(3) (1)，(2)より
$$\begin{aligned}0\leqq x_n-\frac{1}{5}&\leqq\frac{1}{2}\left(x_{n-1}-\frac{1}{5}\right)\\&\leqq\left(\frac{1}{2}\right)^2\left(x_{n-2}-\frac{1}{5}\right)\\&\leqq\cdots\cdots\leqq\left(\frac{1}{2}\right)^{n-1}\left(x_1-\frac{1}{5}\right)\end{aligned}$$

◀ $0<r<1$ を満たす r に対して，$0\leqq a_{n+1}\leqq ra_n$ なら，これを繰り返し用いて
$0\leqq a_n\leqq ra_{n-1}\leqq r^2a_{n-2}$
$\leqq\cdots\cdots\leqq r^{n-1}a_1$
左の変形は，この性質を用いています。

よって，$\displaystyle\lim_{n \to \infty}\left(\frac{1}{2}\right)^{n-1}\left(x_1-\frac{1}{5}\right)=0$ から，はさみうちの原理より

$$\lim_{n \to \infty}\left(x_n-\frac{1}{5}\right)=0 \qquad \therefore \quad \lim_{n \to \infty}x_n=\frac{1}{5}$$

重要ポイント 総整理！

① 《数列の極限値の候補の探し方》

$x_{n+1}=\dfrac{1}{2}\left(x_n+\dfrac{1}{25x_n}\right)$ において，極限値の候補を探すには，

$\displaystyle\lim_{n \to \infty}x_n=\lim_{n \to \infty}x_{n+1}=\alpha$ と仮定して

$$\alpha=\frac{1}{2}\left(\alpha+\frac{1}{25\alpha}\right) \qquad \therefore \quad \frac{\alpha}{2}=\frac{1}{50\alpha} \qquad \therefore \quad \alpha^2=\frac{1}{25}$$

◀ α の値が必ず極限値になるとは限りませんが，極限値の候補を探すことができます。ノーヒントの場合は自分で探します。

これより，極限値が存在すれば，$\dfrac{1}{5}$ または $-\dfrac{1}{5}$ とわかります。

② 《α が極限値になる例，ならない例》

例えば，$a_1=1$, $a_{n+1}=\dfrac{1}{2}a_n+1$ において，$a_{n+1}=a_n=\alpha$ として極限値の候補を求めると

◀ α が極限値になる例です。

$$\alpha=\frac{1}{2}\alpha+1 \qquad \therefore \quad \alpha=2$$

となり，漸化式を解くと

$$a_n=2-\left(\frac{1}{2}\right)^{n-1} \qquad \therefore \quad \lim_{n \to \infty}a_n=2$$

となって，α と一致します。

ところが，$a_1=1$, $a_{n+1}=2a_n+1$ において，$a_{n+1}=a_n=\alpha$ として極限値の候補を求めると

◀ α が極限値にならない例です。

$$\alpha=2\alpha+1 \qquad \therefore \quad \alpha=-1$$

となりますが，この漸化式を解くと

$$a_n=2^n-1 \qquad \therefore \quad \lim_{n \to \infty}a_n=\infty$$

となり，極限値は存在しませんね。このように，α はあくまでも極限値の候補なので，実際に漸化式を解くか，解けない場合は，はさみうちの原理を用いて証明する必要があります。

③ 《極限値をグラフでイメージする方法！》

次のように図示することによって，極限値があるかどうかをイメージすることができます。

◀ あくまでイメージ！
きちんと示すには証明が必要です。

②の α が極限値になる例の漸化式 $a_{n+1}=\dfrac{1}{2}a_n+1$ において

> ① $a_{n+1}=f(a_n)$ とおくと，$f(x)=\dfrac{1}{2}x+1$ となるので，まず，$y=\dfrac{1}{2}x+1$ と $y=x$ をかく。
>
> ② $f(x)$ に $x=a_1$ を代入して，$a_2=f(a_1)$ を y 軸上にプロットする。
>
> ③ $y=x$ を利用して，a_2 を x 軸上に取りなおす。
>
> ④ 同様に，$f(x)$ に $x=a_2$ を代入して a_3 を y 軸上にプロットし，$y=x$ を利用して a_3 を x 軸上に取りなおす。これを繰り返す。

という操作を行うと，結局，$(a_1,\ 0)$ からスタートして，$y=f(x)$ と $y=x$ に**交互にぶつけていった先の** x 座標に a_n の値が近づいていくことがイメージできるので，$\alpha=2$ は極限値となっています。

◀ 初項 a_1 をどこにとっても，a_n は $\alpha=2$ に近づいていくのがイメージできます。

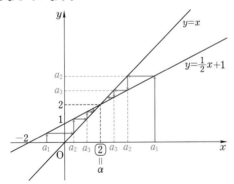

同様に，**②**の α が極限値にならない例の漸化式 $a_{n+1}=2a_n+1$ において，$f(x)=2x+1$ として，a_n の推移を見ると次の図のようになり，初項 a_1 をどこにとっても，a_n は $\alpha=-1$ から離れていって発散していくのが見て取れます。

◀ a_n が $\alpha=-1$ から**離れ**ていくのがイメージできますね。

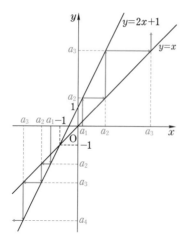

最後に，本問の $x_1=1$，$x_{n+1}=\dfrac{1}{2}\left(x_n+\dfrac{1}{25x_n}\right)$ において，

$f(x)=\dfrac{x}{2}+\dfrac{1}{50x}$ として，x_n の推移を図示すると，$x_1=1$ の場

合，$\alpha=\dfrac{1}{5}$ に近づいていくのが見て取れます。

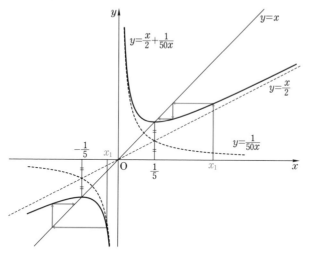

◀ $f(x)=\dfrac{x}{2}+\dfrac{1}{50x}$
のグラフをかくには，
$y=\dfrac{x}{2}$ と $y=\dfrac{1}{50x}$ のグ
ラフの和と見ます。この
2つのグラフを加えると
考えると，$x\to\infty$ のと
き漸近線が $y=\dfrac{x}{2}$，
$x\to+0$ のとき
$y=\dfrac{1}{50x}$ に近づいてい
くのがわかりますね。
あとは $f(-x)=-f(x)$
から，$y=f(x)$ は奇関
数なので，原点対称に注
意すればだいたいかけま
す。

初項 x_1 を変えると，極限値は $\dfrac{1}{5}$ になったり，$-\dfrac{1}{5}$ になった

りします。確かめてみましょう。

❹ 《なぜ $(x_n-\alpha)$ を考えるのか？》

$x_{n+1}=\dfrac{1}{2}\left(x_n+\dfrac{1}{25x_n}\right)$ ……① に，$x_n=x_{n+1}=\alpha=\dfrac{1}{5}$ を代

入すると，（左辺）＝（右辺）なので，①の両辺から α を引いた式

$$x_{n+1}-\alpha=\frac{1}{2}\left(x_n+\frac{1}{25x_n}\right)-\alpha$$

において, $x_n=x_{n+1}=\alpha=\frac{1}{5}$ を代入すれば, 右辺も左辺も値が

0 となり, 右辺は $(x_n-\alpha)$ でくくることができるはずです。し

たがって, 漸化式の右辺が x_n の多項式で表される場合は

$$x_{n+1}-\alpha=(x_n-\alpha)\times(x_n \text{ の式})$$

と必ず表せるので, これを利用して, (2)の不等式を作っていま

す。安心して変形してください。

◀ (2)の変形は確信犯なのです。

\ちょっと/ 一言

漸化式が多項式の組み合わせで表されない場合は, $(x_n-\alpha)$ が

右辺に作れません。このような場合は, 平均値の定理を利用します。

◀ 平均値の定理を用いる場合については **13** を参照!

テーマ 6 | ガウス記号と格子点

6 アプローチ

(1) $x=k$ 上の格子点をカウントして $\sum$ をとります。「$n^{\frac{1}{2}}$ を超

えない最大の整数を m_n」とおいているのは, $y=x^2-n$ と x 軸

との交点の x 座標 $\sqrt{n}$ が整数にならない場合もあるためです。

◀ 格子点の数え方は
重要ポイント 総整理!
❶ を参照!

(2) 題意より, ガウス記号を用いると $[\sqrt{n}]=m_n$ ですから,「は

さみうちの原理」を用いて極限を処理しましょう。

ガウス記号が絡んだ極限の問題は, はさみうち!

が基本になります。

◀ ガウス記号に関しては
重要ポイント 総整理!
❷ を参照!

解答

(1) $[\sqrt{n}]=m_n$ であるから,

$x=k$ (k は整数で

$1\leqq k\leqq m_n$) 上の格子点は

$(n-k^2+1)$ 個ある。図形の y

軸に関する対称性を考えて

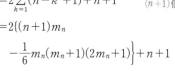

$$a_n=2\sum_{k=1}^{m_n}(n-k^2+1)+n+1$$

$$=2\{(n+1)m_n$$

$$-\frac{1}{6}m_n(m_n+1)(2m_n+1)\}+n+1$$

◀ y 軸に関する対称性を考慮して, $1\leqq x\leqq m_n$ の部分の格子点を 2 倍し, y 軸上の格子点 $(n+1)$ 個を加えます。

34

$$=(n+1)(2m_n+1)-\frac{1}{3}m_n(m_n+1)(2m_n+1)$$

(2) $\dfrac{a_n}{n^{\frac{3}{2}}}=\left(1+\dfrac{1}{n}\right)\left(2\cdot\dfrac{m_n}{\sqrt{n}}+\dfrac{1}{\sqrt{n}}\right)$

$$-\frac{1}{3}\cdot\frac{m_n}{\sqrt{n}}\left(\frac{m_n}{\sqrt{n}}+\frac{1}{\sqrt{n}}\right)\left(2\cdot\frac{m_n}{\sqrt{n}}+\frac{1}{\sqrt{n}}\right)$$

ここで $[\sqrt{n}]=m_n$ より, $\sqrt{n}-1<m_n\leqq\sqrt{n}$

∴ $1-\dfrac{1}{\sqrt{n}}<\dfrac{m_n}{\sqrt{n}}\leqq1$

より, はさみうちの原理から, $\displaystyle\lim_{n\to\infty}\frac{m_n}{\sqrt{n}}=1$

したがって, $\displaystyle\lim_{n\to\infty}\frac{a_n}{n^{\frac{3}{2}}}=1\cdot2-\frac{1}{3}\cdot1\cdot1\cdot2=\frac{4}{3}$

◀ 知っている極限の形 $\frac{1}{n}$ などを作っていくと, $\frac{m_n}{\sqrt{n}}$ の極限がわかればよいことに気づくはずです！

◀ ガウス記号が絡んだ極限の問題では「はさみうち」です！
不等式の作り方は
重要ポイント 総整理！ ❷を参照！

\ちょっと/ 一言

n を十分大きくすると, $\sqrt{n}\fallingdotseq m_n$ ですから, 直感的に考えて $\displaystyle\lim_{n\to\infty}\frac{m_n}{\sqrt{n}}=1$ ですね。イメージできますか？

重要ポイント 総整理！

❶ 《格子点の数え方について》

平面上の点 $P(x,\ y)$ において, $x,\ y$ が整数のとき, P を格子点という。格子点の個数を考えるには,

> タテに数える：$x=k$ 上の格子点の個数 a_k を求めて $\sum a_k$ ……①
>
> ヨコに数える：$y=k$ 上の格子点の個数 b_k を求めて $\sum b_k$ ……②

◀ 実際には, ななめに数えた方がよいとか, $x=k$, $y=k$ のいずれで切っても境界線との交点が格子点にならないなど, タイプはいろいろあります。

のいずれかが基本です。①, ②のいずれをとるかの判断の基準は, $x=k$（または $y=k$）で切ったときの切り口と境界線との交点がつねに格子点となる方をとります。

〈格子点の数え方チェック〉

(1) $0\leqq y\leqq\sqrt{x}$ $(0\leqq x\leqq n^2)$ を満たす格子点の個数を求めよ。

(2) k を 0 以上の整数とするとき, $\dfrac{x}{3}+\dfrac{y}{2}\leqq k$ を満たす 0 以上の整数 $x,\ y$ の組 $(x,\ y)$ の個数を求めよ。

解答 (1)

図1

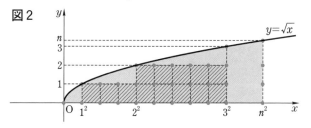

ヨコに数えると，図1より $y=k$（kは整数で$0\leqq k\leqq n$）上の格子点の個数は (n^2-k^2+1) 個だから，求める格子点の個数は，kを0からnまで動かして加えることにより

$$\sum_{k=0}^{n}(n^2-k^2+1)=(n^2+1)(n+1)-\sum_{k=0}^{n}k^2$$
$$=(n^2+1)(n+1)-\frac{1}{6}n(n+1)(2n+1)$$
$$=\frac{1}{6}(n+1)(4n^2-n+6)\,(個)$$

◀ $y=k$ で切ると，切り口と境界線との交点がつねに格子点になりますので，この問題ではヨコに数えた方が解きやすいです。

図2

タテに数えると，図2より
$$1+\underbrace{(2+2+2)}_{(2^2-1^2)個}+\underbrace{(3+3+3+3+3)}_{(3^2-2^2)個}+\cdots\cdots$$
$$+\underbrace{(n+\cdots\cdots+n)}_{\{n^2-(n-1)^2\}個}+(n+1)$$
$$=\sum_{i=1}^{n}i\{i^2-(i-1)^2\}+n+1$$
$$=\sum_{i=1}^{n}i(2i-1)+n+1=\frac{1}{6}(n+1)(4n^2-n+6)\,(個)$$

◀ $x=k$ で切ると，切り口と境界線との交点が格子点にならないときがありますので，タテに数える場合は，群数列の和ととらえることになります。このような問題もあるので念のため解説しておきます。

(2) $A(3k,\ 0)$, $B(3k,\ 2k)$, $C(0,\ 2k)$

とおき，四角形OABCの周及び内部の格子点の個数から線分AC上の格子点の個数を引いて2で割ったものに，線分AC上の格子点の個数を加えて

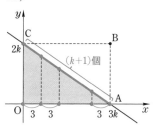

◀ タテでもヨコでも，境界線との交点が格子点にならないときがあります。方法はいろいろありますが，直線図形は四角形を利用するのがよいでしょう。線分AC上の格子点を数えるときには，傾きに注意！

$$\frac{(3k+1)(2k+1)-(k+1)}{2}+(k+1)=3k^2+3k+1 \text{（個）}$$

❷ 《ガウス記号について》

x を超えない最大の整数を $[x]$ と書き，「ガウスエックス」と読みます。例えば，$[1.5]=1$，$[-2.3]=-3$

のように，すべて左隣の整数になります。ただし，$[2]=2$ のように x が整数のときは，自分自身です。つまり，$[x]$ は x の整数部分を表します。

ガウス記号で大切なのは，次の不等式で，n を整数として

$$[x]=n \iff n \leq x < n+1$$
$$\iff x-1 < n \leq x$$

すなわち

$$[x] \leq x < [x]+1 \quad \cdots\cdots① \qquad x-1 < [x] \leq x \quad \cdots\cdots②$$

が成り立ちます。特に，②はガウス記号の入った極限で，はさみうちをするときに活躍しますので，ガウス記号が絡んだら，とりあえず書いてから考えてみましょう。

もう一つの表し方として，$[x]=n$ のとき

$$x=n+\alpha \quad (0 \leq \alpha < 1) \quad \cdots\cdots(*)$$

という表し方もあります。これを用いると，例えば

$$[x+1]=[n+\alpha+1]=[n+1]=n+1=[x]+1$$

が成り立つこともわかります。

$[2x]$ については，場合分けが必要で

$$[2x]=[2(n+\alpha)]=[2n+2\alpha]=2n+[2\alpha]$$

$0 \leq 2\alpha < 2$ から，

$0 \leq 2\alpha < 1$，すなわち，$0 \leq \alpha < \dfrac{1}{2}$ のとき

$$[2x]=2n+[2\alpha]=2[x]$$

$1 \leq 2\alpha < 2$，すなわち，$\dfrac{1}{2} \leq \alpha < 1$ のとき

$$[2x]=2n+[2\alpha]=2[x]+1$$

なんてこともわかります。

◁ 小数部分を 0 以上 1 未満と定義すると，-2.3 の小数部分は，
$-2.3=-3+0.7$ より 0.7，整数部分は -3 となり，$[-2.3]=-3$，つまり，$[x]$ は x の整数部分とみなせます。これは，$(*)$ の定義の考え方です。

◁ ①，②のどちらの不等式を使うかは，$[x]$ をはさみたいのか，x をはさみたいのかで決めましょう。

◁ 小数部分を α とおく方法！
実際に値を計算したいときに役立ちます。

◁ $[2\alpha]=0$ です。

◁ $[2\alpha]=1$ です。

テーマ 7 | 導関数の定義と e の定義

関数 $f(x)$ について，極限値 $\lim\limits_{h\to 0}\dfrac{f(a+h)-f(a)}{h}$ が存在する

とき，関数 $f(x)$ は $x=a$ で微分可能であるといい，この値を $x=a$ における微分係数といいます。ある区間で微分可能であるとき，この区間の x の値 a に微分係数 $f'(a)$ を対応させる関数 $f'(x)$ を導関数といいます。

本問では，定義を利用して，とあるので

$$\lim_{h\to 0}\frac{f(x+h)-f(x)}{h}=f'(x)$$

を利用しましょう。

◀ もちろん，$a+h=x$ とおいて，
$\lim\limits_{x\to a}\dfrac{f(x)-f(a)}{x-a}=f'(a)$
としても同じです。

解答

(1) $f(x)=\log_a x\ (x>0)$ とおくと

$$\frac{f(x+h)-f(x)}{h}=\frac{\log_a(x+h)-\log_a x}{h}$$

$$=\frac{1}{h}\log_a\frac{x+h}{x}=\log_a\left(1+\frac{h}{x}\right)^{\frac{1}{h}}$$

$$=\frac{1}{x}\log_a\left(1+\frac{h}{x}\right)^{\frac{x}{h}}$$

ここで，$t=\dfrac{h}{x}$ とおくと

$$\frac{1}{x}\log_a\left(1+\frac{h}{x}\right)^{\frac{x}{h}}=\frac{1}{x}\log_a(1+t)^{\frac{1}{t}}$$

$h\to 0$ とすると，$t=\dfrac{h}{x}\to 0$ であるので，

$\lim\limits_{t\to 0}(1+t)^{\frac{1}{t}}=e$ から

$$\lim_{h\to 0}\frac{f(x+h)-f(x)}{h}=\lim_{t\to 0}\frac{1}{x}\log_a(1+t)^{\frac{1}{t}}$$

$$=\frac{1}{x}\log_a e=\frac{1}{x\log_e a}=f'(x)$$

◀ うまく置き換えて，
$(1+t)^{\frac{1}{t}}$ に帰着させます。

(2) $g(x)=a^x$ とおくと

$$\frac{g(x+h)-g(x)}{h}=\frac{a^{x+h}-a^x}{h}=a^x\cdot\frac{a^h-1}{h}$$

$a^h=e^{\log_e a^h}=e^{h\log_e a}$ であるから

◀ うまく置き換えて，ヒントの $\dfrac{e^h-1}{h}$ の形を作りましょう。

$$\frac{a^h-1}{h}=\frac{e^{h\log_e a}-1}{h\log_e a}\cdot\log_e a$$

$t=h\log_e a$ とおくと，$h\to0$ のとき，$t\to0$ であり，

$\displaystyle\lim_{t\to0}\frac{e^t-1}{t}=1$ を利用すると

$$\lim_{h\to0}\frac{a^h-1}{h}=\lim_{t\to0}\frac{e^t-1}{t}\cdot\log_e a=\log_e a$$

したがって

$$\lim_{h\to0}\frac{g(x+h)-g(x)}{h}=a^x\log_e a=g'(x)$$

重要ポイント 総整理！

①《e に関する極限》

以下の極限の式は，関連性も含めてしっかり覚えること！

1^∞ や ∞^0 などの指数がらみの不定形の極限では，これらの極限が大活躍します。

◀ 自然対数の底 e は，
$(\log_a x)'=\dfrac{1}{x}$
$(a^x)'=a^x$
となるような底 a として定義されています。

① $\displaystyle\lim_{t\to0}(1+t)^{\frac{1}{t}}=e$ (e の定義)

$t=\dfrac{1}{x}$ とおくと，$t\to\pm0$ のとき，$x\to\pm\infty$ から

② $\displaystyle\lim_{x\to\pm\infty}\left(1+\frac{1}{x}\right)^x=e$

◀ ①，②，③，④のどれを定義にしてもよいのですが，現在の教科書では①になっているようです。

③ ①から

$$\lim_{x\to0}\frac{\log(1+x)}{x}=\lim_{x\to0}\log(1+x)^{\frac{1}{x}}=\log e=1$$

より，$\displaystyle\lim_{x\to0}\frac{\log(1+x)}{x}=1$

④ $e^h-1=t$ とおくと，$h=\log(1+t)$

$h\to0$ のとき，$t\to0$ から

$$\lim_{h\to0}\frac{e^h-1}{h}=\lim_{t\to0}\frac{t}{\log(1+t)}=1$$

◀ ③を利用します！

より，$\displaystyle\lim_{h\to0}\frac{e^h-1}{h}=1$

ちょっと 一言

微分係数の定義を用いれば，

③は $f(x)=\log(1+x)$ とおくと，$f'(x)=\dfrac{1}{1+x}$ から

$$\lim_{x\to0}\frac{\log(1+x)}{x}=\lim_{x\to0}\frac{f(x)-f(0)}{x-0}=f'(0)=1$$

◀ $y=\log(1+x)$，
$y=e^x$
の $x=0$ での接線の傾きが1ということです。

④は $g(x)=e^x$ とおくと，$g'(x)=e^x$ から

$$\lim_{h\to 0}\frac{e^h-1}{h}=\lim_{h\to 0}\frac{g(h)-g(0)}{h-0}=g'(0)=1$$

のように微分係数とも関連させておきましょう。

2 《微分可能と連続の関係》

関数 $f(x)$ が $x=a$ において微分可能ならば，$f(x)$ は $x=a$ で連続であることを示せ。また，この逆は正しいか。

(宇都宮大・改)

解答 関数 $f(x)$ が $x=a$ で連続とは，

$$\lim_{x\to a}f(x)=f(a)$$

が成り立つことです。

◀ 連続の定義です。

関数 $f(x)$ が $x=a$ において微分可能ならば，

$\displaystyle\lim_{x\to a}\frac{f(x)-f(a)}{x-a}=f'(a)$ が存在するので

$$\lim_{x\to a}\{f(x)-f(a)\}=\lim_{x\to a}\left\{(x-a)\cdot\frac{f(x)-f(a)}{x-a}\right\}$$
$$=0\cdot f'(a)=0$$

$\therefore\quad \displaystyle\lim_{x\to a}f(x)=f(a)$

◀ $\displaystyle\lim_{x\to a}\frac{f(x)-f(a)}{x-a}$ が有限確定値に収束するとき，分母が 0 に近づくことから，分子も 0 に近づくことが必要です。これより，$\displaystyle\lim_{x\to a}f(x)=f(a)$ としてもよいでしょう。

これより，「関数 $f(x)$ が $x=a$ において微分可能ならば，$f(x)$ は $x=a$ で連続である」は真となります。

ところが，逆は偽です。

反例は，$f(x)=|x|$ とすると，$f(0)=0$ より

$$\lim_{x\to 0}f(x)=0=f(0)$$

となり，$f(x)$ は $x=0$ で連続ですが

◀ グラフをイメージすれば，$x=0$ で尖っているのでわかりますが，きちんと論証すると左のようになります。

$$\lim_{x\to +0}\frac{f(x)-f(0)}{x-0}=\lim_{x\to +0}\frac{|x|}{x}=\lim_{x\to +0}\frac{x}{x}=1$$
$$\lim_{x\to -0}\frac{f(x)-f(0)}{x-0}=\lim_{x\to -0}\frac{|x|}{x}=\lim_{x\to -0}\frac{-x}{x}=-1$$

から，$f'(0)$ は存在せず，$f(x)$ は $x=0$ で微分可能ではありませんね。

◀ 右側極限と左側極限が異なります。

テーマ 8 ｜ 接する・直交する・共通接線

8 　アプローチ

(1) $y=f(x)$ と $y=g(x)$ の共通
接線を求めるには，$y=f(x)$ 上
の $x=t$ での接線

$$y=f'(t)(x-t)+f(t)$$

と $y=g(x)$ 上の $x=s$ での接線

$$y=g'(s)(x-s)+g(s)$$

が一致すると考えるのが原則です。

◀ 一方が 2 次関数のときは，
判別式を利用する方法も
あります。やりやすい方
を選択しましょう。

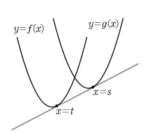

(2) $y=f(x)$ と $y=g(x)$ が $x=t$
で接するとは

$$f(t)=g(t) \text{ かつ}$$
$$f'(t)=g'(t)$$

［同じ点で同じ傾き］

です。これを利用しましょう。

◀ 2 つのグラフが，ある共
有点で共通の接線をもつ
とき，これらのグラフは
接するといいます。

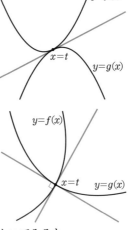

(3) $y=f(x)$ と $y=g(x)$ が $x=t$
で直交するとは

$$f(t)=g(t) \text{ かつ}$$
$$f'(t)g'(t)=-1$$

［同じ点で傾きが垂直］

となることです。ところが，
$y=x\sin x$ と $y=\cos x$ のグラフをかいてみると

◀ $y=x\sin x$ のグラフに
関しては

　\ちょっと/
一言 を参照！

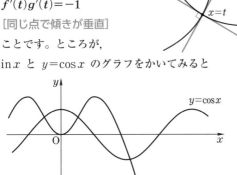

となって，交点がたくさん出てきます。しかも，$x\sin x=\cos x$
の解を求めるのは厳しいです。こんなときは解を α などとおい
て，条件

$$\alpha\sin\alpha=\cos\alpha$$

を利用しましょう。

◀ 解けないときは，解を α
などとおいて関係式を利
用しましょう。

解答

(1) $f(x)=e^x$, $g(x)=\log(x+2)$ とおくと，$x>-2$

$f'(x)=e^x$, $g'(x)=\dfrac{1}{x+2}$ より，

$y=f(x)$ の $x=t$ での接線は

$\quad y=e^t(x-t)+e^t=e^tx+e^t(1-t)$ ……(＊)

$y=g(x)$ の $x=s$ での接線は

$\quad y=\dfrac{1}{s+2}(x-s)+\log(s+2)$

$\quad\quad =\dfrac{1}{s+2}x-\dfrac{s}{s+2}+\log(s+2)$

これらが一致することから

$\quad e^t=\dfrac{1}{s+2}$ ……①

$\quad e^t(1-t)=-\dfrac{s}{s+2}+\log(s+2)$ ……②

①より，$t=-\log(s+2)$ であるから，②は

$\quad \dfrac{1}{s+2}\{1+\log(s+2)\}=-\dfrac{s}{s+2}+\log(s+2)$

$\quad 1+\log(s+2)=-s+(s+2)\log(s+2)$

$\quad (s+1)\{\log(s+2)-1\}=0$

$\quad s=-1,\ \log(s+2)=1$

$\therefore\ (s,\ t)=(-1,\ 0),\ (e-2,\ -1)$

となり，共通接線は，(＊) より

$\quad y=x+1,\ y=\dfrac{1}{e}x+\dfrac{2}{e}$

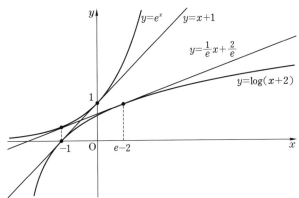

◀ 図示すると，左のように
なります。

(2) $f(x)=2\sin x$, $g(x)=a-\cos 2x$ とおくと

$$f'(x)=2\cos x, \quad g'(x)=2\sin 2x$$

より，これらが $x=t$ で接する条件は

$$2\cos t=2\sin 2t \quad \cdots\cdots③ \quad かつ$$

$$2\sin t=a-\cos 2t \quad \cdots\cdots④$$

③から，$\cos t=2\sin t\cos t$

∴ $\cos t(2\sin t-1)=0$

∴ $\cos t=0, \quad \sin t=\dfrac{1}{2}$

$0<t<2\pi$ より，$t=\dfrac{\pi}{2}, \dfrac{3}{2}\pi, \dfrac{\pi}{6}, \dfrac{5}{6}\pi$

これらを④に代入して

$$\boldsymbol{a=1, \quad -3, \quad \dfrac{3}{2}}$$

◀ $f'(t)=g'(t)$
 かつ
 $f(t)=g(t)$

(3) $f(x)=x\sin x$，$g(x)=\cos x$ とし，交点の x 座標を α とおくと，$\alpha\sin\alpha=\cos\alpha$ $\cdots\cdots⑤$

$f'(x)=\sin x+x\cos x$，$g'(x)=-\sin x$ より，

⑤を用いると

$$\begin{aligned}
f'(\alpha)g'(\alpha)&=(\sin\alpha+\alpha\cos\alpha)(-\sin\alpha)\\
&=-\sin^2\alpha-(\alpha\sin\alpha)\cos\alpha\\
&=-\sin^2\alpha-\cos^2\alpha=-1
\end{aligned}$$

となり，交点でつねに 2 接線は直交することがわかる。

◀ 方程式を解くのが厳しい場合は，解を α などとおき，関係式を利用します。

◀ $\alpha\sin\alpha=\cos\alpha$

 ちょっと 一言

$y=x\sin x$ のグラフは，振り幅が $y=\pm x$ で抑えられますから，下のようなグラフになります。

◀ $y=\square\sin x$ のグラフは，振り幅が $\square$ に影響を受けます。
$f(x)=x\sin x$ とおくと，
$f(-x)=f(x)$ より，偶関数です。

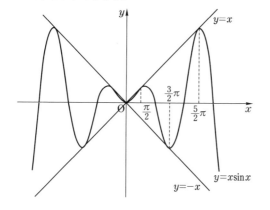

　同様に，よく出る減衰曲線 $y=e^{-x}\sin x$ のグラフは，振り幅が $y=\pm e^{-x}$ で抑えられるグラフとなります。

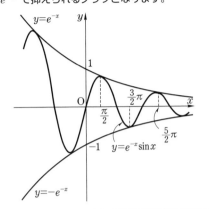

テーマ 9 ｜ グラフのかき方

9 アプローチ

グラフの概形をかく際には

① 定義域の確認

② 対称性の確認

　　偶関数：$f(-x)=f(x)$（y 軸対称）

　　奇関数：$f(-x)=-f(x)$（原点対称）

③ 増減，極値を調べる。（必要ならば凹凸も調べる。）

④ $\displaystyle\lim_{x\to\pm\infty}f(x)$，定義域の端点の極限を調べる。

　　必要ならば漸近線を求める。

の手順で進めましょう。

◀ 凹凸については，調べろという指示がないときは調べなくてもいいでしょう。

解答

　定義域は，分母 $\neq 0$ から $x\neq 0$

$$f(x)=\frac{x^3+4}{x^2}=x+\frac{4}{x^2}$$

$$f'(x)=1+4(-2x^{-3})=1-\frac{8}{x^3}=\frac{x^3-8}{x^3}$$

$$f''(x)=-8(-3x^{-4})=\frac{24}{x^4}>0$$

であるから，増減や凹凸は，次のようになる。

◀ 今回は，対称性はもっていません。

◀ 分数式は富士山の形へ！割り算を行って分母より分子の次数を小さくすると，処理しやすくなります。

x	$\cdots$	0	$\cdots$	2	$\cdots$
$f'(x)$	$+$		$-$	0	$+$
$f''(x)$	$+$		$+$	$+$	$+$
$f(x)$	↗		↘		↗

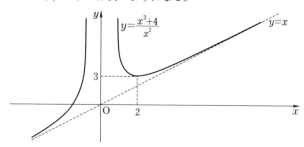

よって，$f(2)=3$ より，$f(x)$ は $x=2$ で**極小値 3** をとる。
ここで

$$\lim_{x \to \infty} f(x) = \lim_{x \to \infty}\left(x + \frac{4}{x^2}\right) = \infty$$

$$\lim_{x \to -\infty} f(x) = \lim_{x \to -\infty}\left(x + \frac{4}{x^2}\right) = -\infty$$

$$\lim_{x \to -0} f(x) = \lim_{x \to -0}\left(x + \frac{4}{x^2}\right) = \infty$$

$$\lim_{x \to +0} f(x) = \lim_{x \to +0}\left(x + \frac{4}{x^2}\right) = \infty$$

また，漸近線は，$\lim_{x \to \pm 0} f(x) = \infty$ から**直線 $x=0$** と，

$$\lim_{x \to \pm\infty} \{f(x) - x\} = \lim_{x \to \pm\infty} \frac{4}{x^2} = 0 \text{ から}\textbf{直線 } \boldsymbol{y=x} \text{ となる。}$$

以上より，グラフは次のようになる。

$y = \dfrac{x^3 + 4}{x^2}$, $y = x$

＼ちょっと／
一言

 $f'(x)$ の符号については，$f'(x) = \dfrac{x^3 - 8}{x^3}$ において，$x^3 = 8$ の

実数解は $x=2$ のみなので，分子は $x=2$，分母は $x=0$ で符号

が変化することに注意して調べましょう。分母の符号も変化する

ことを忘れないでください。

 因数分解して

$$f'(x) = \frac{(x-2)(x^2 + 2x + 4)}{x^3}$$

とし，$x^2 + 2x + 4 = (x+1)^2 + 3 > 0$ から，としても，もちろんオッ

ケーです。

◀ 増減表の符号に関しては
＼ちょっと／**一言**を参照！
凹凸に関しては
重要ポイント **総整理！**
❶を参照！

◀ $\lim_{x \to \pm\infty} f(x)$ と定義される
区間の端点の極限を必ず
調べます。

◀ 漸近線に関しては
重要ポイント **総整理！**
❷を参照！

◀ 符号変化を調べるには，
因数分解するとわかりや
すくなることが多いです。

重要ポイント 総整理！

①《凹凸について》

$f(x)$ の微分 $f'(x)$ の符号は $f(x)$ の増減を意味するので

$f'(x)>0$ なら $f(x)$ は増加，$f'(x)<0$ なら $f(x)$ は減少

します。

同様に，$f''(x)$ の符号は $f'(x)$ の増減を意味するので

$f''(x)>0$ なら $f'(x)$，すなわち，接線の傾きは増加 ◀ $f(x)$ のグラフは下に凸。

$f''(x)<0$ なら $f'(x)$，すなわち，接線の傾きは減少 ◀ $f(x)$ のグラフは上に凸。

します。

本問で増減表を書く際，

例えば，$x<0$ では，$f'(x)>0$，$f''(x)>0$ なので ◀ 暗記ではなく，イメージをしっかり持ってください。

接線の傾きが増加しながら $f(x)$ が増加（↗）

$0<x<2$ では，$f'(x)<0$，$f''(x)>0$ なので

接線の傾きが増加しながら $f(x)$ が減少（↘）

のように考えています。

②《漸近線について》

① $f(x)$ が $x=a$ で定義されず，$\lim_{x\to a\pm0} f(x)$ が ∞ または $-\infty$

に発散するときは，直線 $x=a$ が漸近線になります。

本問のグラフでは，直線 $x=0$ になります。

② $\lim_{x\to\pm\infty}\{f(x)-(ax+b)\}=0$ となるとき，直線 $y=ax+b$

は漸近線になります。

本問では，$f(x)=x+\dfrac{4}{x^2}$ ですから，$\lim_{x\to\pm\infty}\dfrac{4}{x^2}=0$ より，

$x\to\pm\infty$ とするとき

$f(x)=x+(\text{チリ})$ ◀ $x\to\pm\infty$ のとき $\dfrac{4}{x^2}\fallingdotseq0$ なので，「チリ」と表現しました。チリ（塵）は，ほとんどゼロのイメージです（実際の解答では書かないように）。

となるので，$f(x)$ の値は直線 $y=x$ に近づいていくのがわ

かりますね。

解答では，これを式で書いて ◀ 簡単な関数なら直感的に見つけられるようにしたいですね。

$$\lim_{x\to\pm\infty}\{f(x)-x\}=\lim_{x\to\pm\infty}\dfrac{4}{x^2}=0$$

から，漸近線は直線 $y=x$ としました。

だいたいのグラフをかくのであれば，5 でやったように， ◀ このように考えられれば，検算にもなると思います。

$y=x$ と $y=\dfrac{4}{x^2}$ のグラフの和と考えればよいでしょう。

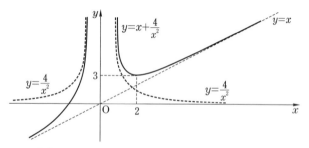

$f(x)$ の値は，$x \to \pm\infty$ とすれば直線 $y=x$ に，$x \to \pm 0$ とすれば曲線 $y=\dfrac{4}{x^2}$ に近づいていくのがわかります。

\ちょっと／
一言

　漸近線については，上のように直感的に求められれば十分と思いますが，

$$\lim_{x \to \infty}\{f(x)-(ax+b)\}=0 \text{ を見つけるには}$$

$$a=\lim_{x \to \infty}\frac{f(x)}{x}, \quad b=\lim_{x \to \infty}\{f(x)-ax\}$$

として，順次見つけることもできます。

　例えば，$f(x)=\sqrt{x^2+2x}$ ならば

$$a=\lim_{x \to \infty}\frac{\sqrt{x^2+2x}}{x}=\lim_{x \to \infty}\sqrt{1+\frac{2}{x}}=1$$

$$b=\lim_{x \to \infty}(\sqrt{x^2+2x}-x)=\lim_{x \to \infty}\frac{2x}{\sqrt{x^2+2x}+x}=1$$

となるので，漸近線は $y=x+1$ となります。

◀ もちろん，十分大きい x に対して
$$\sqrt{x^2+2x}$$
$$=\sqrt{(x+1)^2-1}$$
$$\fallingdotseq x+1$$
です。

テーマ 10 | 接線の本数

10 **アプローチ**

ある点Pからグラフに引いた接線を求めるには

1 グラフ上の $x=t$ での接線を作る。

2 これらの中で点Pを通るものを考える。

とするのが一般的です。今回は接線の本数なので，接点 t の個数に対応させて分類します。

◀ $y=f(x)$ 上の $x=t$ での接線の方程式は
$y=f'(t)(x-t)+f(t)$
です。

◀ 例外については

\ちょっと/
一言 を参照！

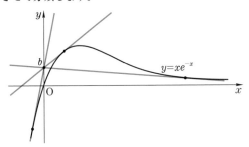

解答

(1) $f(x)=xe^{-x}$ より

$$f'(x)=e^{-x}+x(-e^{-x})=e^{-x}(1-x)$$

$$f''(x)=-e^{-x}(1-x)+e^{-x}(-1)=e^{-x}(x-2)$$

x	$\cdots$	1	$\cdots$	2	$\cdots$
$f'(x)$	+	0	−	−	−
$f''(x)$	−	−	−	0	+
$f(x)$	↗		↘		↘

◀ 凹凸の調べ方は **9** でやりましたね。

$f(1)=\dfrac{1}{e}$, $f(2)=\dfrac{2}{e^2}$

$\displaystyle\lim_{x\to\infty}xe^{-x}=0$, $\displaystyle\lim_{x\to-\infty}xe^{-x}=-\infty$

◀ 問題文に与えられた極限を利用します。

以上より，$y=f(x)$ のグラフは次のようになる。

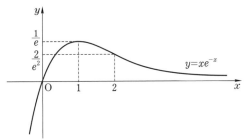

(2) $y=f(x)$ 上の $x=t$ での接線の方程式は

$$y=e^{-t}(1-t)(x-t)+te^{-t}$$

これが点 $(0,\ b)$ を通る条件は

$$b=-e^{-t}t(1-t)+te^{-t}=t^2e^{-t}\quad \cdots\cdots(*)$$

であり，グラフの概形から，$(*)$ を満たす実数 t の個数が接線の本数に対応する。よって，$g(t)=t^2e^{-t}$ とおき，$y=g(t)$ のグラフと直線 $y=b$ の共有点の個数を考えると

$$g'(t)=2te^{-t}+t^2(-e^{-t})=-t(t-2)e^{-t}$$

t	$\cdots$	0	$\cdots$	2	$\cdots$
$g'(t)$	$-$	0	$+$	0	$-$
$g(t)$	↘		↗		↘

$$g(0)=0,\ g(2)=\frac{4}{e^2}$$

$$\lim_{t\to\infty}t^2e^{-t}=0,\ \lim_{t\to-\infty}t^2e^{-t}=\infty$$

したがって，$y=g(t)$ のグラフは次のようになる。

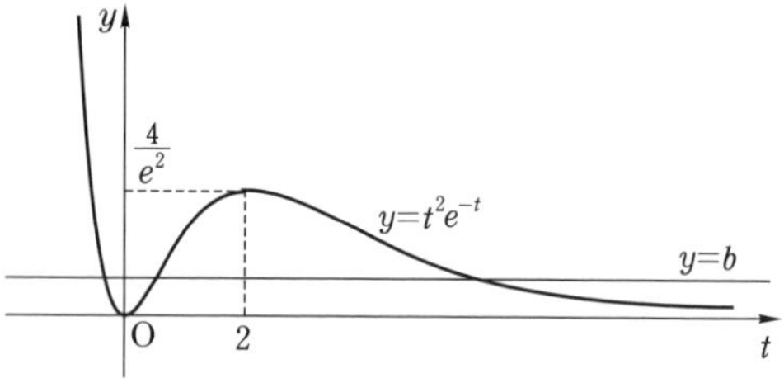

以上より，点 $(0,\ b)$ から引ける接線の本数は

$$\begin{cases} b<0 \text{ のとき，0 本} \\ b=0 \text{ のとき，1 本} \\ 0<b<4e^{-2} \text{ のとき，3 本} \\ b=4e^{-2} \text{ のとき，2 本} \\ 4e^{-2}<b \text{ のとき，1 本} \end{cases}$$

ちょっと一言

❶ 右の図のように，複数の点で接する接線が存在するときは，接点の個数と接線の本数は一致しません。

本問のように，すべての実数で微分可能な曲線では，変曲点が 1

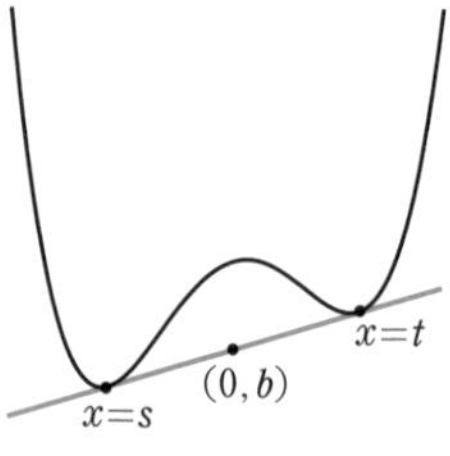

◀ ある点Pからグラフに接線を引く場合は，グラフ上の $x=t$ での接線の中で点Pを通るものを考えます。

◀ ちょっと一言 を参照！

◀ 定数分離に関しては 重要ポイント総整理！ ❶を参照！

◀ 問題文に与えられた極限を利用します。

◀ 4 次関数などのように，変曲点が複数あるグラフでは，複数の点で接する接線が存在することがあります。

つしかない場合はこのようなことは起こりませんが、変曲点が複数個ある場合は気をつける必要があります。

❷ 接線が何本引けるかは、グラフの凹凸と漸近線が関係しています。変曲点での接線 $y=-e^{-2}x+4e^{-2}$ と、漸近線 $y=0$ に注意すると、y 軸上の点 $(0,\ b)$ から引ける接線の本数は下の図のようになります。本当に引けるか確認してみてください。

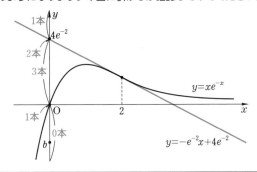

重要ポイント 総整理！

❶《定数分離について》

例えば、方程式 $x^3-3ax-a=0$ は

$$x^3-3ax-a=0 \quad \cdots\cdots ①$$

$$\Longleftrightarrow \quad x^3=a(3x+1) \quad \cdots\cdots ②$$

$$\Longleftrightarrow \quad a=\frac{x^3}{3x+1} \quad \cdots\cdots ③$$

と変形できるので

①：$y=x^3-3ax-a$ のグラフと直線 $y=0$ の共有点

②：$y=x^3$ のグラフと直線 $y=a(3x+1)$ の共有点

③：$y=\dfrac{x^3}{3x+1}$ のグラフと直線 $y=a$ の共有点

のように色々な見方ができます。このように、**「方程式の解は色々なグラフの共有点の座標と考えることができる」**ので、解の個数などを考える際には、一番やりやすい方法で解くことをお勧めします。

◀ 特に③の見方は定数分離と呼ばれます。どれで考えるかは好みです。本問⑵では定数 b を分離して考えています。

❷《$\displaystyle\lim_{x\to\infty}\dfrac{x^n}{e^x}=0$ について》

$x\to\infty$ としたとき、無限大に発散するスピードは、自然数 n に対して

$$\underset{\text{対数関数}}{\underline{\log x}} \ll \underset{\text{多項式関数}}{\underline{x^n}} \ll \underset{\text{指数関数}}{\underline{e^x}} \quad \text{（強さの不等式）}$$

◀ これがイメージです！

なので，一般に

$$\lim_{x \to \infty} \frac{x^n}{e^x} = 0, \quad \lim_{x \to \infty} \frac{\log x}{x^n} = 0$$

が成り立ちます。これは，今回のように問題文に与えられているときやノーヒントのときは使用可ですが，何らかの不等式が与えられた場合は，はさみうちの原理を用いて証明する必要があります。次の問題をみてみましょう。

◀ 空気を読みましょう！

$x > 0$ のとき，$e^x > 1 + x + \dfrac{x^2}{2}$ を示し，これを利用して，$\displaystyle\lim_{x \to \infty} \frac{x}{e^x} = \lim_{x \to \infty} \frac{\log x}{x} = 0$ を証明せよ。

解答 $f(x) = e^x - \left(1 + x + \dfrac{x^2}{2}\right)$ とおくと，$x > 0$ に対して

$$f'(x) = e^x - (1 + x)$$
$$f''(x) = e^x - 1 > 0 \quad (\because \quad x > 0)$$

よって，$f'(0) = 0$ より，$f'(x) > 0$

さらに，$f(0) = 0$ とから，$f(x) > 0$

以上より，$x > 0$ で $e^x > 1 + x + \dfrac{x^2}{2}$ が成り立ちます。

この不等式を用いると，$x > 0$ で

$$e^x > 1 + x + \frac{x^2}{2} > \frac{x^2}{2}$$

$$\therefore \quad 0 < \frac{x}{e^x} < \frac{2}{x}$$

したがって，はさみうちの原理より，$\displaystyle\lim_{x \to \infty} \frac{x}{e^x} = 0$

$t = e^x$ とおくと，$x = \log t$ から

$$\lim_{x \to \infty} \frac{x}{e^x} = \lim_{t \to \infty} \frac{\log t}{t} = 0$$

おまけです。$\displaystyle\lim_{x \to +0} x \log x$ はどうなるでしょう？

∞ に飛ばすために，$x = \dfrac{1}{t}$ とおくと

$$\lim_{x \to +0} x \log x = \lim_{t \to \infty} \frac{1}{t} \log \frac{1}{t} = \lim_{t \to \infty} \frac{-\log t}{t} = 0$$

$$\therefore \quad \lim_{x \to +0} x \log x = 0$$

となります。関連性も含めて覚えておきましょう。

▲ 不等式の証明では差の関数を考えるのが原則です。一般には $x > 0$ のとき，
$$e^x > 1 + x + \frac{x^2}{2!} + \cdots + \frac{x^n}{n!}$$
が成り立ちます。

◀ $y = x + 1$ は $y = e^x$ 上の $x = 0$ での接線であることを利用してもよいですが，$f'(x)$ の符号変化がわからない場合はもう一度微分します。**12** を参照！

◀ 強いのが $\dfrac{x^2}{2}$ だから，$1 + x$ はカットしても大丈夫です！

◀ $x > 0$ で
$\sqrt{x} > \log x$
などの誘導もあります。

◀ $0 < x < 1$ のとき，
$\log x > 2\left(1 - \dfrac{1}{\sqrt{x}}\right)$
などの誘導もあります。

テーマ **11** 絶対不等式（増減の調べ方(1)）

11 アプローチ

10 で使った「定数分離」の考え方が有効です。

$a>0$, $0\leqq\theta\leqq\dfrac{\pi}{2}$ より $\cos\theta+a^3\sin\theta>0$ ですので，与式の両辺を $\cos\theta+a^3\sin\theta$ で割ると

$$k\geqq\frac{\sin\theta\cos\theta}{\cos\theta+a^3\sin\theta}$$

これが $0\leqq\theta\leqq\dfrac{\pi}{2}$ のすべての θ で成り立つような k の最小値とは，「右辺の関数の最大値」です。

◀ k を右辺の最大値以上にしておけば，不等式はつねに成り立ちます。

解答

$a>0$, $0\leqq\theta\leqq\dfrac{\pi}{2}$ より，$\cos\theta+a^3\sin\theta>0$

よって，両辺を $\cos\theta+a^3\sin\theta$ で割ると

$$k\geqq\frac{\sin\theta\cos\theta}{\cos\theta+a^3\sin\theta}$$

$f(\theta)=\dfrac{\sin\theta\cos\theta}{\cos\theta+a^3\sin\theta}$ とおくと，この不等式が $0\leqq\theta\leqq\dfrac{\pi}{2}$ のすべての θ で成り立つような k の最小値は $f(\theta)$ の最大値である。

◀ $\sin\theta$ と $\cos\theta$ が同時に 0 になることはありません。

$f'(\theta)$
$$=\frac{(\cos^2\theta-\sin^2\theta)(\cos\theta+a^3\sin\theta)-\sin\theta\cos\theta(-\sin\theta+a^3\cos\theta)}{(\cos\theta+a^3\sin\theta)^2}$$
$$=\frac{(\cos\theta)^3-(a\sin\theta)^3}{(\cos\theta+a^3\sin\theta)^2}$$

から，$\cos\theta$ と $a\sin\theta$ の大小を比べることにより増減表を書く。

$0<\theta<\dfrac{\pi}{2}$ のとき，$\cos\theta=a\sin\theta$ から，$\tan\theta=\dfrac{1}{a}$

これを満たす θ を $\alpha\left(0<\alpha<\dfrac{\pi}{2}\right)$ とすると

$$\tan\alpha=\frac{1}{a} \quad\cdots\cdots①$$

このαに対して，増減表は

◀ $f'(\theta)=0$ となる θ を求めることはできません。こんな場合は，$f'(\theta)=0$ となる θ を α などとおいて処理します。α がわからなくても，サインやコサインの値がわかれば極値は求められます。

θ	0	$\cdots$	α	$\cdots$	$\dfrac{\pi}{2}$
$f'(\theta)$		$+$	0	$-$	
$f(\theta)$		↗		↘	

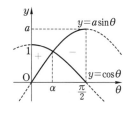

◀ グラフの差と見て，増減表を書きます。増減の調べ方に関しては 重要ポイント 総整理！ を参照！

となるので，$f(\theta)$ は $\theta=\alpha$ で最大である。

①より，$\sin\alpha=\dfrac{1}{\sqrt{1+a^2}}$，$\cos\alpha=\dfrac{a}{\sqrt{1+a^2}}$ であるから

$$f(\alpha)=\frac{\sin\alpha\cos\alpha}{\cos\alpha+a^3\sin\alpha}=\frac{\dfrac{a}{1+a^2}}{\dfrac{a(1+a^2)}{\sqrt{1+a^2}}}=\frac{1}{(1+a^2)^{\frac{3}{2}}}$$

したがって，求める k の最小値は，$\dfrac{1}{(1+a^2)^{\frac{3}{2}}}$

重要ポイント 総整理！《増減の調べ方》

増減を調べる際には，$f'(x)=0$ となる x を見つけることより
も，その前後での $f'(x)$ の**符号変化**が重要になってきます。
$f'(x)$ の**符号不明部分**に着目しましょう。

① $f'(x)$ の符号不明部分のグラフをイメージする！

> a を定数とする。$f(x)=x+\dfrac{a}{x}+a\log x$ が極大値も極小値もとるための実数 a の条
> 件を求めよ。また，極小値のみをとるための実数 a の条件を求めよ。 (北里大)

解答 定義域は $x>0$

$$f'(x)=1-\frac{a}{x^2}+\frac{a}{x}=\boxed{\frac{x^2+ax-a}{x^2}}$$

◀ 増減を調べる手段の一つは，$f'(x)$ の符号不明部分のグラフをイメージすることです。

より，$\boxed{}$ の部分のグラフをイメージしましょう。

$g(x)=x^2+ax-a$ とおき，定義域 $x>0$ に注意すると

$\qquad f(x)$ が $x>0$ に極大値と極小値をもつ

$\iff$ $g(x)$ の符号が $(+\to-)$，$(-\to+)$ となる正の x が存在

$\iff$ $g(x)=0$ が異なる 2 つの正の解をもつ

◀ $y=g(x)$ のグラフをイメージして，符号変化をしっかり確認してください。

であり，その条件は，$g(x)=0$ の判別式
を D とすると

$$\begin{cases} g(0)=-a>0 \\ 軸>0 \quad \therefore \quad -\dfrac{a}{2}>0 \\ D=a^2+4a>0 \end{cases}$$

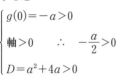

より，$a<-4$

$\qquad f(x)$ が $x>0$ に極小値のみをもつ

$\iff$ $g(x)$ の符号が $(-\to+)$ となる正の x が存在

$\qquad$ かつ $(+\to-)$ となる正の x が存在しない

$\iff$ $g(x)=0$ がただ 1 つの正の解をもつ

◀ こちらも $y=g(x)$ のグラフをイメージして，符号変化をしっかり確認してください。

(ⅰ) $g(x)=0$ が正と負の解をもつとき

$g(0)=-a<0$ より，$a>0$

(ⅱ) $g(x)=0$ が 0 と正の解をもつとき

$g(0)=0$ より $a=0$ となり，

$g(x)=x^2$ となるので，正の解を

もたず，不適。

よって，(ⅰ)(ⅱ)より，$a>0$

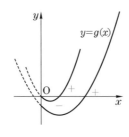

◀ 「ただ１つの解」ときたら，区間の端点の値を解にもつ場合に注意！

＼ちょっと／ 一言

符号不明部分のグラフがイメージできないときは，その部分を $g(x)$ などとおき，微分して調べることになります。こちらの方法に関しては，**12** で演習しましょう。

◀ **12** に挑戦しましょう！

2 グラフの差と見る！

$f(x)=x-2+\sqrt{4-x^2}$ の最大値と最小値を求めよ。

解答 定義域は $-2\leqq x\leqq 2$

$$f'(x)=1+\frac{1}{2}\cdot\frac{-2x}{\sqrt{4-x^2}}=\frac{\boxed{\sqrt{4-x^2}-x}}{\sqrt{4-x^2}}$$

となります。$-2<x<2$ において，分母は＋なので，$\boxed{}$ の部分に着目しますが，このグラフはイメージしにくいです。そこで

$$y=\sqrt{4-x^2}\ \text{と}\ y=x\ \text{のグラフの差}$$

と見て，２つのグラフを比べます。このように簡単なグラフの差と捉えられる場合は多いので，積極的に使ってください。

◀ $y=\sqrt{4-x^2}$ は，原点中心，半径２の円の上半分です。

◀ **11** の解答でも，この考え方を用いて増減を調べています。ちなみに，$\boxed{}$ の部分が $\sqrt{4-x^2}+x$ となっていたら，$\sqrt{4-x^2}-(-x)$ と見て，$y=\sqrt{4-x^2}$ と $y=-x$ のグラフを比べます。

x	-2	$\cdots$	$\sqrt{2}$	$\cdots$	2
$f'(x)$		$+$	0	$-$	
$f(x)$		$\nearrow$		$\searrow$	

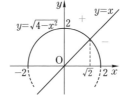

$f(-2)=-4$，$f(\sqrt{2})=2\sqrt{2}-2$，

$f(2)=0$ より

最大値 $2\sqrt{2}-2$，最小値 -4

＼ちょっと／ 一言

もう少し複雑な場合は，**分子の有理化**も有効です。ただし，$\sqrt{4-x^2}\pm x$ の符号に注意する必要があります。

54

$x \leqq 0$ のとき，$\sqrt{4-x^2}-x>0$ より，$f'(x)>0$

$x>0$ のとき，分子を有理化して

$$f'(x)=\frac{2(2-x^2)}{\sqrt{4-x^2}(\sqrt{4-x^2}+x)}$$

$\sqrt{4-x^2}+x>0$ に注意すれば，

増減は $2-x^2=(\sqrt{2}+x)(\sqrt{2}-x)$ の符号で決まります。

$x \leqq 0$ のときは，$f'(x)$ の符号は決まります。そこで，$x>0$ のときを考えると，$\sqrt{4-x^2}+x$ の符号が決まります。

テーマ 12 | 不等式の証明（増減の調べ方(2)）

12 アプローチ

(2)では，(1)をどのように利用するかがポイントです。

$(a+1)^b>(b+1)^a$ において両辺の対数をとると

$$\log(a+1)^b>\log(b+1)^a$$

$$\iff \frac{\log(a+1)}{a}>\frac{\log(b+1)}{b}$$

これが，$0<a<b$ で成り立つには，$f(x)$ が $x>0$ で単調減少であることがいえればよいことになります。

そこで，$x>0$ において，$f'(x)<0$ を示すことになります。

$$f'(x)=\frac{\boxed{x-(x+1)\log(x+1)}}{\underset{\oplus}{x^2(x+1)}}$$

ですから，符号不明部分である分子を $g(x)$ とおいて，$g(x)<0$ を示しましょう。

(1)をヒントと考えれば，対数を考えるアイデアが浮かぶのでは？
x^x タイプの関数の増減は，対数をとって考えると楽なことが多いです。

増減を調べる際には，$f'(x)$ の符号不明部分に**着目せよ！**
が原則です。

解答

(1) $x>0$ において

$$f'(x)=\frac{\dfrac{1}{x+1}\cdot x-\log(x+1)}{x^2}=\frac{x-(x+1)\log(x+1)}{x^2(x+1)}$$

(2) $g(x)=x-(x+1)\log(x+1)$ とおくと

$$g'(x)=1-\left\{\log(x+1)+(x+1)\cdot\frac{1}{x+1}\right\}$$

$$=-\log(x+1)<0 \ (\because \ x>0)$$

より，$g(x)$ は $x>0$ で単調減少関数であるので，

$g(0)=0$ とから，$g(x)<0 \ (x>0)$

ここで，$x>0$ のとき，$x^2(x+1)>0$ であるから，$f'(x)<0$ となり，$f(x)$ は $x>0$ で単調減少関数となる。

$f'(x)$ の符号不明部分を考えます。

したがって，$0<a<b$ のとき

$$f(a)>f(b) \iff \frac{\log(a+1)}{a}>\frac{\log(b+1)}{b}$$
$$\iff \log(a+1)^b>\log(b+1)^a$$
$$\iff (a+1)^b>(b+1)^a$$

◀ $f(x)$ は単調減少関数だから，
$0<a<b$ のとき，
$f(a)>f(b)$ です。

重要ポイント 総整理！

① 関数の増減を調べる際，$f'(x)$ の符号変化がよくわからない場合は，符号不明部分に着目します。ちょっとレベルが高いですが，次の問題に挑戦してみてください。

> e を自然対数の底とする。関数 $f(x)=\dfrac{x-e^{x-1}}{1+e^x}$ がただ1つの極値をもち，さらにそれが極大値であることを示せ。必要ならば，$\displaystyle\lim_{x\to+\infty}\frac{x}{e^x}=0$ を用いてよい。 （筑波大）

$f(x)$ がただ1つの極値をもち，それが極大値であるとは，$f'(x)=0$ がただ1つの解をもち，その解の前後で $f'(x)$ の符号が＋から－に変化することです。そこで

$$f'(x)=\frac{\boxed{1+e^x-e^{x-1}-xe^x}}{\underset{\oplus}{\underline{(1+e^x)^2}}}$$

の符号変化を調べたいのですが，よくわかりませんね。こういうときは，符号不明部分に着目します。すなわち，分子を $g(x)$ とおき，$g(x)$ のグラフを考えることにより，符号変化を調べます。示すべきことは，$y=g(x)$ のグラフが図のように x 軸と1点で交わっているということです。

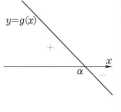

◀ 増減を調べる際には，$f'(x)$ の符号不明部分に**着目せよ！**
が原則です。

解答 $f(x)=\dfrac{x-e^{x-1}}{1+e^x}$ より

$$f'(x)=\frac{(1-e^{x-1})(1+e^x)-(x-e^{x-1})e^x}{(1+e^x)^2}$$
$$=\frac{1+e^x-e^{x-1}-xe^x}{(1+e^x)^2}$$

ここで，$g(x)=1+e^x-e^{x-1}-xe^x$ とおくと

$$g'(x)=e^x-e^{x-1}-e^x-xe^x=-e^{x-1}(1+ex)$$

また，$\displaystyle\lim_{x\to\infty}g(x)=\lim_{x\to\infty}\left\{1+e^x\left(1-\frac{1}{e}-x\right)\right\}=-\infty$

◀ 符号不明部分である分子のグラフをイメージしよう！

$x=-t$ とおくと, $\displaystyle\lim_{t\to\infty}\frac{t}{e^t}=0$ より

$$\lim_{x\to-\infty}g(x)=\lim_{t\to\infty}\left(1+e^{-t}-e^{-t-1}+\frac{t}{e^t}\right)=1$$

となり, $g(x)$ の増減は, 次のようになる。

◀ $-\infty$ に飛ばす場合, わかりにくければ $x=-t$ とおくとよいです。

x	$(-\infty)$	$\cdots$	$-\dfrac{1}{e}$	$\cdots$	(∞)
$g'(x)$		$+$	0	$-$	
$g(x)$	(1)	↗		↘	$(-\infty)$

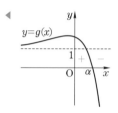

したがって, $g(x)=0$ は $-\dfrac{1}{e}<x$ にただ 1 つの解をもつ。これを α とすると, $g(x)$ の符号は $x=\alpha$ の前後で＋から－に変化することがわかる。

これより, $f(x)$ の増減は, 右のようになるから,

$f(x)$ は, $x=\alpha$ においてただ 1 つの極値をとり, それは極大値である。

x	$\cdots$	α	$\cdots$
$f'(x)$	$+$	0	$-$
$f(x)$	↗		↘

＼ちょっと／
一言

$\alpha=1$ であることに気づきましたか？

$$g(1)=1+e-e^0-e=0$$

上の解答ではこれに気づかない想定で, $\displaystyle\lim_{x\to\infty}g(x)$ と $\displaystyle\lim_{x\to-\infty}g(x)$ を調べましたが, 気づければ, $\displaystyle\lim_{x\to\infty}g(x)$ を調べる必要がなくなります。極値などを求める問題では, まずは解をさがしてみましょう。

◀ e^x 関係なら e^0 や e^1, $\log x$ 関係なら $\log 1$ や $\log e$ を利用すると見つかることが多いです。

❷ 《増減の調べ方のまとめ》

グラフの増減を調べる際には, $f'(x)=0$ の解を見つけることよりも, その前後での符号変化が重要です。 11 , 12 で学習した方法はしっかりものにしてください。

最後に, 三角関数などでは単位円の利用も効果的なので, おまけで載せておきます。

$f'(x)=(2\cos x-1)(2\sin x+1)$ $(0\leqq x\leqq 2\pi)$ のとき, $f(x)$ の増減表をかけ。

解答 $X=\cos x$, $Y=\sin x$ とおけば, $X^2+Y^2=1$ 上の点で

$$f'(x)=(2X-1)(2Y+1)$$

の符号を調べることになります。

◀ サイン・コサインの陰に円あり。

$$\Longleftrightarrow \begin{cases} 2X-1>0 \\ 2Y+1>0 \end{cases}$$

$f'(x)>0$

または $\begin{cases} 2X-1<0 \\ 2Y+1<0 \end{cases}$

$f'(x)<0$

$$\Longleftrightarrow \begin{cases} 2X-1>0 \\ 2Y+1<0 \end{cases}$$

または $\begin{cases} 2X-1<0 \\ 2Y+1>0 \end{cases}$

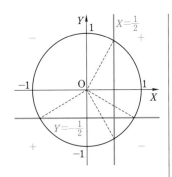

▲ このように，まじめに調べる必要はありません。解答の後半にあるように，1つの点で調べて，交互に符号が変わるのを図から読み取りましょう。

となり，領域が4つに分割されます。

実践的には，$X=\dfrac{1}{2}$ と $Y=-\dfrac{1}{2}$ をかき，適当な点，例えば $(X,\ Y)=(1,\ 0)$ のときに $f'(x)>0$ となるのを確認，あとは境界を越えるたびに符号が交互に変化していくという感じで符号変化を調べるとよいでしょう。

▲ $X=\dfrac{1}{2}$，$Y=-\dfrac{1}{2}$ と単位円の交点の角度は順に $\dfrac{\pi}{3}$，$\dfrac{7}{6}\pi$，$\dfrac{5}{3}\pi$，$\dfrac{11}{6}\pi$ です。

x	0	$\cdots$	$\dfrac{\pi}{3}$	$\cdots$	$\dfrac{7}{6}\pi$	$\cdots$	$\dfrac{5}{3}\pi$	$\cdots$	$\dfrac{11}{6}\pi$	$\cdots$	2π
$f'(x)$		$+$	0	$-$	0	$+$	0	$-$	0	$+$	
$f(x)$		↗		↘		↗		↘		↗	

▲ 極値は省略しています。

③ 《不等式の証明について》

不等式の証明では，両辺の差をとった関数を考えて微分するのが1つの方法ですが，すぐ飛びつかないこと！　同値変形によってできるだけ簡単な式にしてから証明するのが鉄則です。

▲ **12** では，同値変形して⑴に帰着しました。

> $x>0$ のとき，$\dfrac{1}{x}\log\dfrac{e^x-1}{x}<1$ を証明せよ。

解答 $\dfrac{1}{x}\log\dfrac{e^x-1}{x}<1 \iff \log\dfrac{e^x-1}{x}<x\ (=\log e^x)$

$\iff \dfrac{e^x-1}{x}<e^x \iff e^x-1<xe^x$ ……(∗)

ここで，$f(x)=xe^x-(e^x-1)$ とおくと

$f'(x)=e^x+xe^x-e^x=xe^x>0$ （∵ $x>0$）

より，$f(x)$ は $x>0$ で単調増加関数であるので，

$f(0)=0$ とから，$f(x)>0\ (x>0)$

これより，(∗)が成り立つので，与式も成り立つ。

▲ このまま微分すると大変です。同値変形によって，なるべく簡単な式に変形してから，差の関数を微分して調べましょう。

テーマ 13 │ 平均値の定理

13 アプローチ

〈平均値の定理〉

区間 $[a,\ b]$ で連続かつ区間 $(a,\ b)$ で微分可能な関数 $f(x)$ について

$$\frac{f(b)-f(a)}{b-a}=f'(c)$$

となる実数 c が $a<c<b$ に存在する。

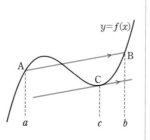

◀ A$(a,\ f(a))$, B$(b,\ f(b))$ に対して, 直線 AB と同じ傾きの接線がその間に存在するということです。

不等式の証明や極限の問題などで

$$f(b)-f(a) \quad や \quad \frac{f(b)-f(a)}{b-a}$$

が現れたら, 平均値の定理の利用が効果的なことが多いです。

使い方としては

❶ $f(b)-f(a)=f'(c)(b-a)$ や $\dfrac{f(b)-f(a)}{b-a}=f'(c)$

とすることで, 左辺の動きを $f'(c)$ の動きで捉える。

◀ 本問はこれ！
$f'(c)$ に責任転嫁！

❷ $f(b)-f(a)$ から $b-a$ を取り出す。

などがあります。

◀ 重要ポイント 総整理！
を参照！

解答 ....

$f(x)=\log(\log x)$ とおくと, $q-p>0$ より

(与式) $\iff \dfrac{\log(\log q)-\log(\log p)}{q-p}<\dfrac{1}{e}$

$\iff \dfrac{f(q)-f(p)}{q-p}<\dfrac{1}{e}$ ……(∗)

ここで, 平均値の定理より

$$\frac{f(q)-f(p)}{q-p}=f'(c)$$

となる実数 c が $e\leqq p<c<q$ に存在する。

◀ $e<c$ で $f'(c)<\dfrac{1}{e}$ が
いえればよいことがわかります。

$f'(x)=\dfrac{1}{x\log x}$ は $e\leqq x$ で単調減少関数であるから

$$f'(c)<f'(e)=\frac{1}{e}$$

となり, (∗) が成り立つので, 与式も成り立つ。

重要ポイント 総整理!

　　アプローチ にある使い方の ❷ の $b-a$ を取り出す問題を練習
してみましょう。

〈解けない漸化式の極限〉

　関数 $f(x)=\dfrac{1}{1+e^{-x}}$ について次の問いに答えよ。

(1) 導関数 $f'(x)$ の最大値を求めよ。

(2) 方程式 $f(x)=x$ はただ 1 つの実数解をもつことを示せ。

(3) 漸化式 $a_{n+1}=f(a_n)$ $(n=1,\ 2,\ \cdots\cdots)$ で与えられる数列 $\{a_n\}$ は，初項 a_1 の値によ
　　らず収束し，その極限値は(2)の方程式の解になることを示せ。　　　　　　(筑波大)

　　これは **5** で扱った解けない漸化式の極限の問題ですが，

$a_{n+1}=\dfrac{1}{1+e^{-a_n}}$ で e^{-a_n} があるので，$(a_n-\alpha)$ をくくり出すこと

はできません。しかし，平均値の定理を
$$f(b)-f(a)=f'(c)(b-a)$$
の形で用いれば
$$f(b)-f(a) \text{ から } b-a \text{ を取り出す}$$
ことができます。本問では
$$f(x)=\frac{1}{1+e^{-x}},\ a_{n+1}=f(a_n),\ f(\alpha)=\alpha$$
から
$$|a_{n+1}-\alpha|=|f(a_n)-f(\alpha)|=|f'(c)(a_n-\alpha)|$$

◀ a_n と α の大小がわからないので，絶対値を用います。

と変形します。(1)から $|f'(c)|\leqq\dfrac{1}{4}$ がわかりますので
$$|a_{n+1}-\alpha|\leqq\frac{1}{4}|a_n-\alpha|$$
となり，不等式が作成できます。

解答 (1)　$f(x)=\dfrac{1}{1+e^{-x}}=\dfrac{e^x}{e^x+1}$

◀ (1)から $f'(x)$ が 1 より小さい値で抑えられることがわかります。$f'(x)>0$ に注意！

$$f'(x)=\frac{e^x}{(e^x+1)^2},\ f''(x)=\frac{e^x(1-e^x)}{(e^x+1)^3}$$

より

◀ $f'(x)=\dfrac{1}{e^x+2+e^{-x}}$
として，相加相乗平均の不等式から $\dfrac{1}{4}$ 以下を示してもよいです。

x	$\cdots$	0	$\cdots$
$f''(x)$	$+$	0	$-$
$f'(x)$	$\nearrow$		$\searrow$

$$f'(x) \text{ は } x=0 \text{ で極大で, 最大値は } f'(0)=\frac{1}{4}$$

(2) $g(x)=f(x)-x$ とおくと

$$g'(x)=\frac{e^x}{(e^x+1)^2}-1=-\frac{e^{2x}+e^x+1}{(e^x+1)^2}<0$$

より, $g(x)$ は単調減少関数で

$$\lim_{x\to\infty}g(x)=-\infty, \quad \lim_{x\to-\infty}g(x)=\infty$$

から, $g(x)=0$ すなわち $f(x)=x$ はただ1つの実数解をもつ。

◀ 極限値の候補が存在する
ことを示しています。

(3) (2)の実数解を α とすると, $f(\alpha)=\alpha$ が成り立つので,

$a_{n+1}=f(a_n)$ で与えられる数列 $\{a_n\}$ に対して, 平均値の定理から

$$|a_{n+1}-\alpha|=|f(a_n)-f(\alpha)|=|f'(c)(a_n-\alpha)|$$

ここで, (1)より, $0<|f'(c)|\leqq\frac{1}{4}$ から

$$|a_{n+1}-\alpha|\leqq\frac{1}{4}|a_n-\alpha|$$

となるので

$$|a_n-\alpha|\leqq\frac{1}{4}|a_{n-1}-\alpha|$$

$$\leqq\left(\frac{1}{4}\right)^2|a_{n-2}-\alpha|$$

$$\leqq\cdots\cdots\leqq\left(\frac{1}{4}\right)^{n-1}|a_1-\alpha|$$

したがって, はさみうちの原理から

$$\lim_{n\to\infty}|a_n-\alpha|=0$$

$$\therefore \lim_{n\to\infty}a_n=\alpha$$

◀ 平均値の定理を用いて
$(a_n-\alpha)$ を作り出し, 不
等式を作ります。(1), (2)
とのつながりをしっかり
意識しましょう。ここま
で出来れば, あとは
 5 と同じです。

◀
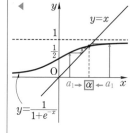
$$y=\frac{1}{1+e^{-x}}$$

＼ちょっと／
一言

この問題は, 平均値の定理を用いて解けない漸化式の極限値を
求める問題のひな形みたいな問題です。本問の流れは, 以下のよ
うになっています。

(1) $|f'(c)|$ を1より小さい数で抑える。

(2) $f(x)=x$ がただ1つの実数解をもつことを示す。

　(その解 α が極限値の候補)

(3) (1), (2)と平均値の定理を用いて不等式を作り, 極限値が α
になることを示す。

テーマ **14** 三角関数の積分

14 _アプローチ_

(1) $\sin jx \sin kx$ の積分では，和に直すために積和公式

$$\sin jx \sin kx = \frac{1}{2}\{\cos(j-k)x - \cos(j+k)x\}$$

を用います。ただし，積分する際に分母に $j-k$ が出てきますので，$j \neq k$ が必要になることに注意しましょう。 ◀ 分母$\neq 0$ です。

だから，$j \neq k$，$j = k$ と場合分けする必要があります。

また，今回はあまりメリットがありませんが，

$\displaystyle\int_{-a}^{a}$ **の積分では**

$f(x)$ が偶関数のとき，$\displaystyle\int_{-a}^{a}f(x)\,dx = 2\int_{0}^{a}f(x)\,dx$

$f(x)$ が奇関数のとき，$\displaystyle\int_{-a}^{a}f(x)\,dx = 0$

を利用しましょう。

(2) (1)を利用して手数を減らしましょう。

_解答_

(1) $\sin jx \sin kx$ は偶関数なので，自然数 j, k に対して ◀ $j-k=0$ のときは，分母が 0 になってしまい計算ができないので，場合分けが必要です！

$\boldsymbol{j \neq k}$ **のとき**，積和公式より

$$\sin jx \sin kx = \frac{1}{2}\{\cos(j-k)x - \cos(j+k)x\}$$

$$I_{jk} = \int_{-\pi}^{\pi}\sin jx \sin kx\,dx$$

$$= 2\int_{0}^{\pi}\sin jx \sin kx\,dx$$

$$= \int_{0}^{\pi}\{\cos(j-k)x - \cos(j+k)x\}\,dx$$

$$= \left[\frac{\sin(j-k)x}{j-k} - \frac{\sin(j+k)x}{j+k}\right]_{0}^{\pi} = 0$$

$\boldsymbol{j = k}$ **のとき**

$$I_{jk} = \int_{-\pi}^{\pi}\sin jx \sin kx\,dx$$

$$= \int_{-\pi}^{\pi}\sin^2 jx\,dx$$

$$= 2\int_{0}^{\pi}\frac{1-\cos 2jx}{2}\,dx$$

$$= \left[x - \frac{\sin 2jx}{2j} \right]_0^\pi = \pi$$

(2) $(x - a\sin x - b\sin 2x)^2$

$= x^2 + a^2 \sin^2 x + b^2 \sin^2 2x$

$\quad - 2ax\sin x + 2ab\sin x\sin 2x - 2bx\sin 2x$

ここで，(1)より

$$\int_{-\pi}^{\pi} \sin^2 x\, dx = \int_{-\pi}^{\pi} \sin^2 2x\, dx = \pi$$

$$\int_{-\pi}^{\pi} \sin x\sin 2x\, dx = 0$$

また，$\displaystyle\int_{-\pi}^{\pi} x^2\, dx = 2\int_0^{\pi} x^2\, dx = 2\left[\frac{x^3}{3}\right]_0^\pi = \frac{2}{3}\pi^3$

◀ 最小値は求めなくてもよいので，計算する必要はないのですが……。

$$\int_{-\pi}^{\pi} x\sin x\, dx = 2\int_0^\pi x\sin x\, dx$$

◀ 部分積分をします。

$$= 2\left[x(\underset{\cos x}{-\cos x}) + \sin x \right]_0^\pi = 2\pi$$

$$\int_{-\pi}^{\pi} x\sin 2x\, dx = 2\int_0^\pi x\sin 2x\, dx$$

◀ 部分積分をします。

$$= 2\left[x\left(-\frac{1}{2}\cos 2x\right) + \frac{1}{4}\sin 2x \right]_0^\pi = -\pi$$

$$\underset{\frac{1}{2}\cos 2x}{}$$

$$J = \frac{2}{3}\pi^3 + \pi a^2 + \pi b^2 - 2a\cdot 2\pi - 2b\cdot(-\pi)$$

◀ a，b の2次の独立2変数関数なので，それぞれ平方完成します。

$$= \pi(a^2 - 4a) + \pi(b^2 + 2b) + \frac{2}{3}\pi^3$$

$$= \pi(a-2)^2 + \pi(b+1)^2 + \frac{2}{3}\pi^3 - 5\pi$$

よって，J の値は $a = 2$，$b = -1$ で最小になる。

＼ちょっと／
一言

積和公式は，加法定理から簡単に作れます。

$\sin(\alpha + \beta) = \sin\alpha\cos\beta + \cos\alpha\sin\beta$ ……①

$\sin(\alpha - \beta) = \sin\alpha\cos\beta - \cos\alpha\sin\beta$ ……②

$\cos(\alpha + \beta) = \cos\alpha\cos\beta - \sin\alpha\sin\beta$ ……③

$\cos(\alpha - \beta) = \cos\alpha\cos\beta + \sin\alpha\sin\beta$ ……④

(①＋②)÷2 から

$$\sin\alpha\cos\beta = \frac{1}{2}\{\sin(\alpha+\beta) + \sin(\alpha-\beta)\}$$

(①－②)÷2 から

$$\cos\alpha\sin\beta = \frac{1}{2}\{\sin(\alpha+\beta) - \sin(\alpha-\beta)\}$$

(③+④)÷2 から

$$\cos\alpha\cos\beta=\frac{1}{2}\{\cos(\alpha+\beta)+\cos(\alpha-\beta)\}$$

(④-③)÷2 から

$$\sin\alpha\sin\beta=\frac{1}{2}\{\cos(\alpha-\beta)-\cos(\alpha+\beta)\}$$

重要ポイント 総整理！《偶関数・奇関数》

① $f(x)$ が偶関数 $\iff$ $f(-x)=f(x)$ ［y 軸対称］

$$\int_{-a}^{a}f(x)\,dx=2\int_{0}^{a}f(x)\,dx$$

$f(x)$ が奇関数 $\iff$ $f(-x)=-f(x)$ ［原点対称］

$$\int_{-a}^{a}f(x)\,dx=0$$

② 偶関数を 偶 ，奇関数を 奇 と表すと

偶 × 偶 ＝ 偶

偶 × 奇 ＝ 奇

奇 × 奇 ＝ 偶

偶 ＋ 偶 ＝ 偶

奇 ＋ 奇 ＝ 奇

本問では，x, $a\sin x$, $b\sin 2x$ はすべて奇関数なので，$(x-a\sin x-b\sin 2x)^2$ の展開した項はすべて偶関数であり，すべての項が残ってしまいます。

しかし，例えば，$(x+a\sin x+b\cos x)^2$ なら，展開した項のうち，

偶 × 奇 ＝ 奇 により奇関数となる項は消えて，偶関数となる項だけが残りますから

$$\int_{-\pi}^{\pi}(x+a\sin x+b\cos x)^2dx$$
$$=2\int_{0}^{\pi}(x^2+a^2\sin^2x+b^2\cos^2x+2ax\sin x)\,dx$$

と少し簡単にできます。

テーマ 15 $\displaystyle\int f(g(x))g'(x)\,dx$

15 アプローチ

$F'(x)=f(x)$ とするとき，合成関数の微分を用いると

$$F'(g(x))=f(g(x))g'(x)$$

となりますので

$$\int f(g(x))g'(x)\,dx=F(g(x))+C$$

が成り立ちます。

◀ （g の関数）$\times g'$ を見つけたら，g を x だと思って積分します！

$$\underset{g\ \text{の関数}}{\underline{f(g(x))}} \text{ に } g'(x) \text{ が付いていたら，} g \text{ を } x \text{ だと思って積分}$$

できるというイメージです。

例えば，次の積分では

$$\int \sin^2 x\cos x\,dx=\int \underset{\sin x\ \text{の関数}\times(\sin x)'}{\underline{\sin^2 x(\sin x)'}}\,dx$$

すなわち，$\sin x=g$ とおけば，上式は

$$\int g^2 g'\,dx \quad (\text{この場合 } f(x)=x^2)$$

$$=\frac{1}{3}g^3+C \quad (g \text{ を } x \text{ だと思って積分})$$

$$=\frac{1}{3}\sin^3 x+C$$

◀ $\frac{1}{3}g^3$ を x で微分すると，合成関数の微分から，$g^2 g'$ となるのが確認できますね。g' は触媒のような役目を果たしています。

本問では，$g=a^2-2a\cos\theta+1$ とおくと，$g'=2a\sin\theta$ となるので

$$I(a)=\frac{1}{2}\int_0^\pi g^{-\frac{3}{2}}g'\,d\theta$$

と見れます。あとは，g を θ だと思って積分しましょう。

合成関数の積分では，中身の関数（$f(g(x))$ の $g(x)$ のこと）の微分がくっついていないかをつねに考えるようにしましょう。

解答

(1) $\displaystyle I(a)=\int_0^\pi \frac{a\sin\theta}{(a^2-2a\cos\theta+1)^{\frac{3}{2}}}\,d\theta \quad (a>1)$

$$=\frac{1}{2}\int_0^\pi (a^2-2a\cos\theta+1)^{-\frac{3}{2}}\underset{2a\sin\theta}{\underline{(a^2-2a\cos\theta+1)'}}\,d\theta$$

$$=\Big[-(a^2-2a\cos\theta+1)^{-\frac{1}{2}}\Big]_0^\pi$$

◀ $\frac{1}{2}\displaystyle\int g^{-\frac{3}{2}}g'\,dx$
$=-g^{-\frac{1}{2}}+C$
微分すると戻りますね。

$$= -\frac{1}{\sqrt{a^2+2a+1}} + \frac{1}{\sqrt{a^2-2a+1}}$$

$$= -\frac{1}{\sqrt{(a+1)^2}} + \frac{1}{\sqrt{(a-1)^2}}$$

$$= -\frac{1}{a+1} + \frac{1}{a-1} \quad (\because \quad a>1)$$

◀ $\sqrt{a^2}=|a|$ に注意！

(2) $\displaystyle\sum_{a=2}^{n} I(a) = \sum_{a=2}^{n}\left(\frac{1}{a-1} - \frac{1}{a+1}\right)$

◀ **2** でやった差分解です！

$$= \left(1-\frac{1}{3}\right) + \left(\frac{1}{2}-\frac{1}{4}\right) + \left(\frac{1}{3}-\frac{1}{5}\right) + \cdots\cdots$$

$$+ \left(\frac{1}{n-3}-\frac{1}{n-1}\right) + \left(\frac{1}{n-2}-\frac{1}{n}\right) + \left(\frac{1}{n-1}-\frac{1}{n+1}\right)$$

$$= 1 + \frac{1}{2} - \frac{1}{n} - \frac{1}{n+1}$$

よって，$\displaystyle\sum_{n=2}^{\infty} I(n) = \lim_{n\to\infty}\sum_{a=2}^{n} I(a) = \frac{3}{2}$

\ちょっと/
一言

❶ $\displaystyle\int \frac{g'(x)}{g(x)}dx = \log|g(x)| + C$ は，$\displaystyle\int f(g(x))g'(x)dx$ の特別

な場合です。

$f(x)=\dfrac{1}{x}$ になっているのがわかりますか？

❷ $\displaystyle\int f(g(x))g'(x)dx$ のタイプは，見える置換積分です。

$g(x)=t$ とおくと，$g'(x)=\dfrac{dt}{dx}$　　$\therefore\quad g'(x)dx=dt$

◀ 置換する場合は
$g(x)=t$ とおきます。

$$\int f(\underbrace{g(x)}_{t})\underbrace{g'(x)dx}_{dt} = \int f(t)dt$$
$$= F(t)+C = F(g(x))+C$$

$f(x)$ が複雑な関数の場合は，$g(x)=t$ とおいて考えましょ
う。次の問題で練習してみてください。

定積分 $\displaystyle\int_{1}^{e} \frac{\log x}{x(\log x+1)^2} dx$ を求めよ。

（富山県立大）

解答 $\log x$ の関数に $\log x$ の微分である $\dfrac{1}{x}$ が付いています。

これは $f(g)g'$ タイプです。そこで，$\log x=t$ とおくと，

$\dfrac{1}{x}=\dfrac{dt}{dx}$ より $\dfrac{dx}{x}=dt$，$x:1\to e$ から $t:0\to1$ より

▲ $\log x=g$ とおくと，
$\dfrac{g}{(g+1)^2}\times g'$ なので，
$f(g)g'$ タイプなのはす
ぐわかりますが，$f(g)$
がすぐに積分できません。
そこで置換します。

$$
\begin{aligned}
(与式) &= \int_0^1 \frac{t}{(t+1)^2}\,dt \\
&= \int_1^2 \frac{t-1}{t^2}\,dt \quad (t\text{ 方向に }1\text{ 平行移動}) \\
&= \int_1^2 \left(\frac{1}{t}-\frac{1}{t^2}\right)dt \\
&= \left[\log|t|+\frac{1}{t}\right]_1^2 = \log 2 - \frac{1}{2}
\end{aligned}
$$

◀ t 方向に1平行移動して，分母をシンプルにしました。平行移動に関しては，**16** の ＼ちょっと/ 一言 **❶**を参照！

テーマ 16 | 周期関数の積分

16 〔アプローチ〕

(1) $e^{-x}\sin x$ の積分は，微分法を使う方法と，部分積分を使う方法があります。

◀ 解答を参照してください。どちらにするかは好みですね。

(2) **周期関数が絡んだ積分では，周期で刻め！** が鉄則です。

$e^{-x}\underset{\text{周期関数}}{\underline{|\sin x|}}$ において，$|\sin x|$ は周期が π なので，

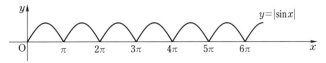

区間の幅を π で刻んで

$$
\begin{aligned}
&\int_0^{n\pi} e^{-x}|\sin x|\,dx \\
=&\int_0^{\pi} e^{-x}|\sin x|\,dx + \int_{\pi}^{2\pi} e^{-x}|\sin x|\,dx + \cdots\cdots \\
&+ \int_{(k-1)\pi}^{k\pi} e^{-x}|\sin x|\,dx + \cdots\cdots + \int_{(n-1)\pi}^{n\pi} e^{-x}|\sin x|\,dx \\
=&\sum_{k=1}^{n} \int_{(k-1)\pi}^{k\pi} e^{-x}|\sin x|\,dx
\end{aligned}
$$

ここからの処理は，**直接積分する方法**と**平行移動をする方法**があります。解答を参照してください。

◀ どちらにするかは関数の形や誘導によります。今回は平行移動の方が誘導に乗れていいでしょう。

解 答 ....

(1) **【解1】**（微分法の利用）

$$(e^{-x}\sin x)' = -e^{-x}\sin x + e^{-x}\cos x \quad \cdots\cdots ①$$

$$(e^{-x}\cos x)' = -e^{-x}\cos x - e^{-x}\sin x \quad \cdots\cdots ②$$

① + ② より

$$e^{-x}\sin x = -\frac{1}{2}\{(e^{-x}\sin x)' + (e^{-x}\cos x)'\}$$

$$\therefore \int_0^\pi e^{-x}\sin x\,dx = \left[-\frac{e^{-x}}{2}(\sin x + \cos x)\right]_0^\pi$$

$$= -\frac{1}{2}(-e^{-\pi}-1) = \frac{e^{-\pi}+1}{2}$$

◀ $(e^{-x}\sin x)'$ と $(e^{-x}\cos x)'$ のセットを考えます。$e^\circ \sin x$ や $e^\circ \cos x$ の積分で有効です。

【解2】（部分積分の利用）

$I = \displaystyle\int_0^\pi e^{-x}\sin x\,dx$ とおくと

$$I = \int_0^\pi e^{-x}\sin x\,dx = \left[-e^{-x}\sin x\right]_0^\pi + \int_0^\pi e^{-x}\cos x\,dx$$

$$= \left[-e^{-x}\cos x\right]_0^\pi - \int_0^\pi e^{-x}\sin x\,dx$$

$$= e^{-\pi} + 1 - I$$

$$\therefore \quad 2I = e^{-\pi} + 1 \quad \therefore \quad I = \frac{e^{-\pi}+1}{2}$$

◀ 部分積分を2回すると，同じ積分が現れます。

(2) $\displaystyle\int_0^{n\pi} e^{-x}|\sin x|\,dx = \sum_{k=1}^n \int_{(k-1)\pi}^{k\pi} e^{-x}|\sin x|\,dx \quad \cdots\cdots(*)$

【解1】（直接積分する）

区間 $[(k-1)\pi,\ k\pi]$ において，$\sin x$ の値は**同符号**であるから

$$\int_{(k-1)\pi}^{k\pi} e^{-x}|\sin x|\,dx$$

$$= \left|\int_{(k-1)\pi}^{k\pi} e^{-x}\sin x\,dx\right|$$

$$= \left|\left[-\frac{e^{-x}}{2}(\sin x + \cos x)\right]_{(k-1)\pi}^{k\pi}\right|$$

$$= \left|\frac{e^{-k\pi}\cos k\pi}{2} - \frac{e^{-(k-1)\pi}\cos(k-1)\pi}{2}\right|$$

$$= \left|\frac{e^{-k\pi}(-1)^k}{2} - \frac{e^{-(k-1)\pi}(-1)^{k-1}}{2}\right|$$

$$= \left|\frac{e^{-(k-1)\pi}}{2}\cdot(e^{-\pi}+1)\right| = \frac{e^{-\pi}+1}{2}\cdot(e^{-\pi})^{k-1}$$

$(*)$ と $0 < e^{-\pi} < 1$ より

$$\lim_{n\to\infty}\int_0^{n\pi} e^{-x}|\sin x|\,dx$$

◀ これより，絶対値が積分の外に出せます。

◀ (1)の【解1】の計算を利用します。

◀ $\cos k\pi = (-1)^k$
$\cos(k-1)\pi = (-1)^{k-1}$
$\sin k\pi = \sin(k-1)\pi = 0$
です。

◀ $|(-1)^k| = 1$ です。

◀ 公比が $e^{-\pi}$ の無限等比級数になります。

$$=\lim_{n\to\infty}\frac{e^{-\pi}+1}{2}\sum_{k=1}^{n}(e^{-\pi})^{k-1}$$

$$=\lim_{n\to\infty}\frac{e^{-\pi}+1}{2}\cdot\frac{1-(e^{-\pi})^n}{1-e^{-\pi}}=\frac{e^{\pi}+1}{2(e^{\pi}-1)}$$

【解2】（平行移動の利用）

$$\int_0^{n\pi}e^{-x}|\sin x|dx=\sum_{k=1}^{n}\int_{(k-1)\pi}^{k\pi}e^{-x}|\sin x|dx$$

◀ ＼ちょっと／ 一言
❶を参照！

次に，$|\sin x|$ は，π の整数倍平行移動しても同じグラフなので

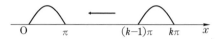

$-(k-1)\pi$ 平行移動（$x\to x+(k-1)\pi$ とおく）して，$\displaystyle\int_0^{\pi}$ の話にもっていくと考えやすくなります。　→(1)が使える。

$$\sum_{k=1}^{n}\int_{(k-1)\pi}^{k\pi}e^{-x}|\sin x|dx$$

$$=\sum_{k=1}^{n}\int_0^{\pi}e^{-\{x+(k-1)\pi\}}|\sin\{x+(k-1)\pi\}|dx$$

ここで，$|\sin\{x+(k-1)\pi\}|=|\sin x|$ であるから，上式は

$$\sum_{k=1}^{n}e^{-(k-1)\pi}\int_0^{\pi}e^{-x}\sin x\,dx$$

$$=\frac{e^{-\pi}+1}{2}\sum_{k=1}^{n}(e^{-\pi})^{k-1}$$

◀ (1)の結果を利用します！

以下，**【解1】**と同様です。

＼ちょっと／ 一言

❶　（積分の平行移動）

例えば，$\displaystyle\int_0^1\log(x+1)dx$ の積分では，$x+1=t$ と置換して

$$\int_0^1\log(x+1)dx=\int_1^2\log t\,dt=\Big[t\log t-t\Big]_1^2=2\log2-1$$

とする方法がありますが，これは，$y=\log(x+1)$ のグラフと積分区間を x 方向に 1 だけ平行移動しているに過ぎません。すなわち，x の代わりに $x-1$ を代入して

$$\int_0^1\log(x+1)dx=\int_1^2\log x\,dx$$

とできます。

◀ $(x+1)'=1$ を利用して
$$\int_0^1\log(x+1)dx$$
$$=\Big[(x+1)\log(x+1)-x\Big]_0^1$$
と直接積分できますが……。

$x+a=t$ の置換は x 方向へ a 平行移動するのと同じです。

(2)の【解2】ではこの方法を用いました。

❷ （なぜ無限等比級数となるか？）

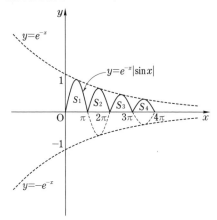

◀ $y=e^{-x}|\sin x|$ のグラフは，減衰曲線 $y=e^{-x}\sin x$ のグラフを x 軸の上側に集めたもので，左の図のようになります。これと x 軸で囲む面積の和の極限値が本問の求めたいものです。

$S_k=\displaystyle\int_{(k-1)\pi}^{k\pi}e^{-x}|\sin x|dx$ とおくと，平行移動を利用して

$$S_{k+1}=\int_{k\pi}^{(k+1)\pi}e^{-x}|\sin x|dx$$

$$=\int_{(k-1)\pi}^{k\pi}e^{-(x+\pi)}|\sin(x+\pi)|dx$$

◀ x 方向に $-\pi$ 平行移動します。

ここで，$|\sin x|$ の周期は π だから，$|\sin(x+\pi)|=|\sin x|$ となるので，上式は

$$e^{-\pi}\int_{(k-1)\pi}^{k\pi}e^{-x}|\sin x|dx=e^{-\pi}S_k$$

よって，S_k は等比数列となっています。これが無限等比級数となる理由です。

重要ポイント 総整理！《周期関数の積分》

周期関数の積分の例題です。

(1) $\displaystyle\int_0^n|\sin\pi x|dx=\boxed{}$

(2) $\displaystyle\int_0^\pi|\sin nx+\cos nx|dx=\boxed{}$

$|\sin ax|$ の ax は $ax=t$ と置換して a を追い出した方がわかりやすいでしょう。周期関数の積分は周期で刻んで考えます。ちなみに，サインの山1個の面積は2です。

解答 (1) $\pi x = t$ とおくと，$\dfrac{dx}{dt} = \dfrac{1}{\pi}$ より

$$\int_0^n |\sin \pi x|\,dx = \frac{1}{\pi}\int_0^{n\pi} |\sin t|\,dt$$

$$= \frac{1}{\pi}\cdot n\int_0^{\pi} |\sin t|\,dt \quad (\text{サインの山が } n \text{ 個})$$

$$= \frac{n}{\pi}\int_0^{\pi} \sin t\,dt = \frac{n}{\pi}\Big[-\cos t\Big]_0^{\pi} = \boldsymbol{\frac{2n}{\pi}}$$

◀ 下の図をイメージすると，サインの山が n 個できています。

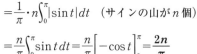

$$y = |\sin t|$$

O π 2π 3π $\cdots\cdots$ $(n-1)\pi$ $n\pi$ t

サインの山が n 個で面積は $2n$

(2) $\displaystyle\int_0^{\pi} |\sin nx + \cos nx|\,dx = \int_0^{\pi}\left|\sqrt{2}\,\sin\left(nx + \frac{\pi}{4}\right)\right|dx$ ……(*)

◀ まず合成します。

ここで，$nx + \dfrac{\pi}{4} = t$ とおくと，$\dfrac{dx}{dt} = \dfrac{1}{n}$ より

◀ わかりやすくするために置換します。

$$(*) = \frac{\sqrt{2}}{n}\int_{\frac{\pi}{4}}^{n\pi + \frac{\pi}{4}} |\sin t|\,dt \quad (\text{次の図をイメージ！})$$

$$= \frac{\sqrt{2}}{n}\int_0^{n\pi} |\sin t|\,dt$$

$\left(|\sin t| \text{ は周期 } \pi \text{ より，積分区間を } t \text{ 方向に } -\dfrac{\pi}{4} \text{ 平行移動}\right)$

$$= \frac{\sqrt{2}}{n}\cdot n\int_0^{\pi} |\sin t|\,dt \quad (\text{サインの山が } n \text{ 個})$$

$$= \frac{\sqrt{2}}{n}\cdot n\cdot 2 = \boldsymbol{2\sqrt{2}} \quad \left(\because \int_0^{\pi} |\sin t|\,dt = 2\right)$$

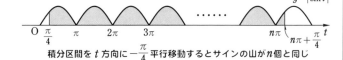

$$y = |\sin t|$$

O $\dfrac{\pi}{4}$ π 2π 3π $\cdots\cdots$ $n\pi$ $n\pi + \dfrac{\pi}{4}$ t

積分区間を t 方向に $-\dfrac{\pi}{4}$ 平行移動するとサインの山が n 個と同じ

テーマ 17 積分漸化式

17 アプローチ

積分漸化式の総合問題です。(1)の計算から，(2)では部分積分を利用することに気づけるはず。部分積分を利用して漸化式を作成します。積分漸化式の問題はよく出題されますので，できなかった人は 重要ポイント 総整理！❶ と合わせて練習しておきましょう。

(3)は積分できない関数の極限なので積分できる関数ではさむのが鉄則です。こちらは経験がないと厳しいので，重要ポイント 総整理！❷ の例題と合わせて練習しておいてください。

◀ (2)まではできないといけません。(3)は経験がないと厳しいでしょう。わからなかったら，(3)は諦めて，最悪でも(4)は解きましょう。定型問題です。

解答

(1) $a_1 = \int_0^1 xe^x dx = \Big[xe^x - e^x \Big]_0^1 = 1$

$a_2 = \int_0^1 x^2 e^x dx = \Big[x^2 e^x \Big]_0^1 - 2a_1 = e - 2$

$a_3 = \int_0^1 x^3 e^x dx = \Big[x^3 e^x \Big]_0^1 - 3a_2 = 6 - 2e$

◀ 部分積分を利用します！

(2) (1)と同様に考えて

$a_{n+1} = \int_0^1 x^{n+1} e^x dx$

$= \Big[x^{n+1} e^x \Big]_0^1 - (n+1) \int_0^1 x^n e^x dx$

$= e - (n+1)a_n$

◀ x の次数を下げるために，部分積分を用いて漸化式を作成します。重要ポイント 総整理！❶ を参照！

(3) $0 \leq x \leq 1$ のとき，$1 \leq e^x \leq e$ だから

$x^n \leq x^n e^x \leq e x^n$

等号はつねには成り立たないから

$\int_0^1 x^n dx < \int_0^1 x^n e^x dx < \int_0^1 x^n e\, dx$

$\therefore \quad \dfrac{1}{n+1} < a_n < \dfrac{e}{n+1}$

よって，はさみうちの原理から，$\displaystyle\lim_{n \to \infty} a_n = 0$

◀ 結論の式に $\dfrac{1}{n+1}$ があるので，$\int_0^1 x^n dx = \dfrac{1}{n+1}$ に帰着するために，e^x をはさみ定数化します。重要ポイント 総整理！❷ を参照！

(4) (2)より，$na_n = e - a_n - a_{n+1}$

さらに，(3)より $\displaystyle\lim_{n \to \infty} a_n = 0$ だから

$\displaystyle\lim_{n \to \infty} na_n = \lim_{n \to \infty} (e - a_n - a_{n+1}) = e$

◀ (2)の漸化式と(3)の結果を利用します。

ちょっと一言

実は，関数 $f(x)$ に対して

$$\int f(x)e^x dx = (f - f' + f'' - \cdots)e^x + C$$

$$\int f(x)e^{-x} dx = -(f + f' + f'' + \cdots)e^{-x} + C$$

◀ 右辺を微分して確かめて
ください。

が成り立ちます。特に $f(x)$ が多項式のときは，何回か微分する
と x が消えるので便利です。例えば(1)では

$$a_1 = \int_0^1 xe^x dx = \left[(x-1)e^x\right]_0^1 = 1$$

$$a_2 = \int_0^1 x^2 e^x dx = \left[(x^2 - 2x + 2)e^x\right]_0^1 = e - 2$$

$$a_3 = \int_0^1 x^3 e^x dx = \left[(x^3 - 3x^2 + 6x - 6)e^x\right]_0^1 = 6 - 2e$$

となります。また，$\int f(x)e^{-x} dx$ の方は，例えば

$$\int x^3 e^{-x} dx = -(x^3 + 3x^2 + 6x + 6)e^{-x} + C$$

とできます。

重要ポイント 総整理！

❶ 《積分漸化式では部分積分を利用せよ！》

有名なものを紹介しておきます。押さえておきましょう！

例1) $I_n = \int_0^{\frac{\pi}{2}} \sin^n x\, dx$ とおくと

$$I_n = \int_0^{\frac{\pi}{2}} \sin x \cdot \sin^{n-1} x\, dx$$

$$= \left[-\cos x \cdot \sin^{n-1} x\right]_0^{\frac{\pi}{2}}$$

$$+ \int_0^{\frac{\pi}{2}} \cos x \cdot (n-1)\sin^{n-2} x \cdot \cos x\, dx$$

$$= (n-1)\int_0^{\frac{\pi}{2}} (1 - \sin^2 x) \cdot \sin^{n-2} x\, dx$$

$$= (n-1)I_{n-2} - (n-1)I_n$$

$$\therefore \quad I_n = \frac{n-1}{n} I_{n-2} \quad (n \geqq 2)$$

◀ $\sin x$ を1つ分けて部分
積分をします！

例2) $I_n = \int_0^{\frac{\pi}{4}} \tan^n x\, dx$ とおくと

$$I_n = \int_0^{\frac{\pi}{4}} \tan^2 x \cdot \tan^{n-2} x \, dx$$

$$= \int_0^{\frac{\pi}{4}} \left(\frac{1}{\cos^2 x} - 1 \right) \cdot \tan^{n-2} x \, dx$$

$$= \int_0^{\frac{\pi}{4}} \left(\tan^{n-2} x \cdot \frac{1}{\cos^2 x} - \tan^{n-2} x \right) dx$$

$$= \int_0^{\frac{\pi}{4}} \tan^{n-2} x \cdot (\tan x)' \, dx - I_{n-2}$$

$$= \left[\frac{\tan^{n-1} x}{n-1} \right]_0^{\frac{\pi}{4}} - I_{n-2} = \frac{1}{n-1} - I_{n-2}$$

$$\therefore \quad I_n = \frac{1}{n-1} - I_{n-2} \quad (n \geqq 2)$$

◀ $\tan x$ を 2 つ分けて $1 + \tan^2 \theta = \dfrac{1}{\cos^2 \theta}$ を利用します！

◀ $\int f(g(x)) g'(x) \, dx$ です。

例 3) $I_n = \displaystyle\int_1^e (\log x)^n dx$ とおくと

$$I_{n+1} = \int_1^e (\log x)^{n+1} dx$$

$$= \left[x(\log x)^{n+1} \right]_1^e - \int_1^e x \cdot (n+1)(\log x)^n \cdot \frac{1}{x} \, dx$$

$$= e - (n+1) \int_1^e (\log x)^n dx$$

$$= e - (n+1) I_n$$

◀ $\log x = t$ と置換すると, $I_n = \displaystyle\int_0^1 t^n e^t dt$ となり, 実は本問と同じです。確かめてみましょう。

❷ 《被積分関数をはさめ！》（積分の不等式問題）

> $a \leqq x \leqq b$ で $g(x) \leqq f(x) \leqq h(x)$ のとき
>
> $$\int_a^b g(x) \, dx \leqq \int_a^b f(x) \, dx \leqq \int_a^b h(x) \, dx \quad \cdots\cdots (*)$$

◀ ちょっと！ 一言 を参照！

　積分できない関数の不等式や極限では，被積分関数をうまくはさんで積分できる関数に帰着します。

　(3)では，積分できる関数 x^n を利用し，$\displaystyle\int_0^1 x^n dx = \frac{1}{n+1}$ に帰着するために，区間 $[0,\ 1]$ において，e^x の部分をはさんで定数化しています。これは経験がないと厳しいでしょう。

　次の問題ではどうしますか？

$I_n = \displaystyle\int_0^1 \frac{x^n}{1+x} \, dx \ (n=1,\ 2,\ \cdots\cdots)$ のとき，$\displaystyle\lim_{n \to \infty} I_n$ を求めよ。

解答 I_n は積分できないので，はさみうちを狙います。

区間 $[0,\ 1]$ において，$\dfrac{1}{1+x}$ は単調減少関数なので

◀ 積分できない関数の極限では，はさみうちを狙いましょう。

$$\frac{1}{1+1} \leqq \frac{1}{1+x} \leqq \frac{1}{1+0}$$

$$\therefore \quad \frac{1}{2} \leqq \frac{1}{1+x} \leqq 1$$

$$\frac{1}{2}x^n \leqq \frac{x^n}{1+x} \leqq x^n$$

$$\therefore \quad \frac{1}{2}\int_0^1 x^n dx \leqq \int_0^1 \frac{x^n}{1+x}\,dx \leqq \int_0^1 x^n dx \quad \cdots\cdots \text{①}$$

ここで，$\displaystyle \int_0^1 x^n dx = \left[\frac{x^{n+1}}{n+1}\right]_0^1 = \frac{1}{n+1}$　より

$$\text{①} \iff \frac{1}{2(n+1)} \leqq I_n \leqq \frac{1}{n+1}$$

よって，はさみうちの原理から，$\displaystyle \lim_{n \to \infty} I_n = 0$

このように，積分できる関数 x^n に帰着するために，$\dfrac{1}{1+x}$ の

部分をはさんで定数化します。

◀ $\dfrac{1}{1+x}$ の部分を定数化してはさみます。

◀ $\displaystyle\lim_{n\to\infty} I_n = 0$ を示せばよいので，$I_n > 0$ を用いて $0 < I_n \leqq \dfrac{1}{n+1}$ とはさんでもオッケーです。

＼ちょっと／一言

　（＊）において，$a \leqq x \leqq b$ で $f(x)$ と $g(x)$ や $f(x)$ と $h(x)$ が完全に一致する場合にのみ等号が成り立ちますので

$$\int_a^b g(x)\,dx < \int_a^b f(x)\,dx < \int_a^b h(x)\,dx$$

のように等号のない形で出題される場合もあります。

◀ $\leqq$ は，$<$ または $=$ を意味するので，$<$ であれば $\leqq$ です。なので，実際は等号が成り立たなくても，（＊）のように等号を入れても正しい表記になります。問題文に合わせて書くようにしましょう。

18 アプローチ

(2)では，右辺の式を作るために，$x=a-t$ と置換します。

この置換により，区間 $[0,\ a]$ は $[a,\ 0]$ となり

区間は逆転しますが，変わらないのがポイント

です。また，(1)，(2)は(3)の積分のヒントになっています。うまく利用できましたか？

この問題は誘導をうまく利用すれば解けますが，近年ノーヒントの問題も出題されていますので，重要ポイント 総整理! を確認してイメージをつかんでください。

◀ $x=a-t$ の置換によって，区間 $[0,\ a]$ を変えない置換です（a から 0 へ逆に動く）。この置換は区間を合わせる際によく用います。

解答

(1) $\left(\dfrac{\cos x}{1+\sin x}+x\right)'=\dfrac{-\sin x(1+\sin x)-\cos^2 x}{(1+\sin x)^2}+1$

$\qquad\qquad\qquad = \dfrac{-(1+\sin x)}{(1+\sin x)^2}+1$

$\qquad\qquad\qquad = -\dfrac{1}{1+\sin x}+1=\dfrac{\sin x}{1+\sin x}$

◀ (3)の計算で利用します！

(2) $x=a-t$ とおくと，$\dfrac{dx}{dt}=-1$ $\quad\therefore\quad dx=-dt$

x	$0 \to a$
t	$a \to 0$

$\displaystyle\int_0^a f(x)\,dx=\int_a^0 f(a-t)(-dt)$

$\qquad\qquad\quad = \displaystyle\int_0^a f(a-t)\,dt=\int_0^a f(a-x)\,dx$

(3) (2)より

◀ もちろん，(1)，(2)はヒントです。

$I=\displaystyle\int_0^\pi \dfrac{x\sin x}{1+\sin x}\,dx$ とおくと

$\quad I=\displaystyle\int_0^\pi \dfrac{(\pi-x)\sin(\pi-x)}{1+\sin(\pi-x)}\,dx$

$\qquad = \displaystyle\int_0^\pi \dfrac{(\pi-x)\sin x}{1+\sin x}\,dx=\int_0^\pi \dfrac{\pi\sin x}{1+\sin x}\,dx-I$

$\quad\therefore\quad 2I=\displaystyle\int_0^\pi \dfrac{\pi\sin x}{1+\sin x}\,dx$

$\quad\therefore\quad I=\dfrac{\pi}{2}\displaystyle\int_0^\pi \dfrac{\sin x}{1+\sin x}\,dx$

$$= \frac{\pi}{2}\left[\frac{\cos x}{1+\sin x}+x\right]_0^\pi = \frac{\pi}{2}(\pi-2)$$

◀ (1)を利用します。

重要ポイント 総整理!

❶ 《$x=a-t$ の置換の意味》

$x=a-t$ の置換によって，$y=f(x)$ で $x:0\to a$ とした値と，$y=f(a-x)$ で $x:a\to 0$ とした値は同じになりますので，実は $y=f(a-x)$ のグラフは $y=f(x)$ を直線 $x=\dfrac{a}{2}$ に関して対称移動したグラフです。

【証明】 $y=f(x)$ 上の点を $(x,\ y)$，このグラフを直線 $x=\dfrac{a}{2}$ に関して対称移動した点を $(X,\ Y)$ とすると

$$\frac{x+X}{2}=\frac{a}{2},\ \ Y=y$$

$$\therefore\ \ x=a-X,\ y=Y$$

これを $y=f(x)$ に代入すると

$$Y=f(a-X)$$

したがって，区間 $[0,\ a]$ で $y=f(x)$ と x 軸，$y=f(a-x)$ と x 軸の囲む面積は同じなので

$$\int_0^a f(x)\,dx=\int_0^a f(a-x)\,dx$$

となるわけです。

◀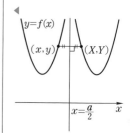

◀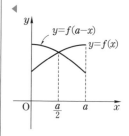

❷ 《$x=a-t$ の置換の例》

三角関数では

$$\sin(\pi-x)=\sin x,\ \ \sin\left(\frac{\pi}{2}-x\right)=\cos x$$

などが成り立ちますので，**$a-x$ 置換**を利用する問題がよく出題されます。次の問題はノーヒントですが，解けますでしょうか？

---

(1) $\displaystyle\int_0^{\frac{\pi}{4}}\log\sin\left(x+\frac{\pi}{4}\right)dx=\int_0^{\frac{\pi}{4}}\log\cos x\,dx$ であることを示せ。

(2) $\displaystyle\int_0^{\frac{\pi}{4}}\log(1+\tan x)\,dx$ の値を求めよ。

(京都教育大)

---

(1)は，左辺の積分が厳しいですね。そこで，区間を変えない変形を考えると，$x=\dfrac{\pi}{4}-t$ という置換が浮かびます。

(2)は，(1)がヒントです。利用できるようにするために

◀ $a-x$ 置換です！

$\tan x = \dfrac{\sin x}{\cos x}$ を利用すると……。

解答 (1) $x = \dfrac{\pi}{4} - t$ とおくと，$\dfrac{dx}{dt} = -1$ ∴ $dx = -dt$

x	$0 \to \dfrac{\pi}{4}$
t	$\dfrac{\pi}{4} \to 0$

$$\int_0^{\frac{\pi}{4}} \log\sin\left(x + \frac{\pi}{4}\right) dx$$
$$= \int_{\frac{\pi}{4}}^{0} \log\sin\left(\frac{\pi}{2} - t\right)(-dt) = \int_0^{\frac{\pi}{4}} \log\cos t\, dt = \int_0^{\frac{\pi}{4}} \log\cos x\, dx$$

◀ $\sin\left(\dfrac{\pi}{2} - x\right) = \cos x$ を利用します！

(2) $\displaystyle\int_0^{\frac{\pi}{4}} \log(1 + \tan x)\, dx$

$$= \int_0^{\frac{\pi}{4}} \log\left(1 + \frac{\sin x}{\cos x}\right) dx = \int_0^{\frac{\pi}{4}} \log\left(\frac{\sin x + \cos x}{\cos x}\right) dx$$

◀ (1)がヒントのはず！
そう思って変形すると…。

$$= \int_0^{\frac{\pi}{4}} \log\left\{\frac{\sqrt{2}\,\sin\left(x + \frac{\pi}{4}\right)}{\cos x}\right\} dx$$

◀ 分子を合成します！

$$= \int_0^{\frac{\pi}{4}} \log\sqrt{2}\, dx + \underbrace{\int_0^{\frac{\pi}{4}} \log\sin\left(x + \frac{\pi}{4}\right) dx - \int_0^{\frac{\pi}{4}} \log\cos x\, dx}_{=0 \ (\because \ (1))}$$

$$= \int_0^{\frac{\pi}{4}} \log\sqrt{2}\, dx = \frac{\pi}{8}\log 2$$

3 《その他の置換の例》

類題を2題用意しました。置換してうまく区間を合わせてください。

(1) 連続関数 $f(x)$ および定数 a について
$$\int_0^a f(x)\, dx = \int_0^{\frac{a}{2}} \{f(x) + f(a-x)\}\, dx$$
が成り立つことを証明せよ。

(2) $\displaystyle\int_0^{\frac{\pi}{2}} \frac{\cos x}{\sin x + \cos x}\, dx$ を求めよ。

(高知大)

解答 (1) $\displaystyle\int_0^a f(x)\, dx = \int_0^{\frac{a}{2}} f(x)\, dx + \int_{\frac{a}{2}}^a f(x)\, dx$

$x = a - t$ とおくと，$\dfrac{dx}{dt} = -1$ ∴ $dx = -dt$

$$\int_{\frac{a}{2}}^a f(x)\, dx = \int_{\frac{a}{2}}^0 f(a-t)(-dt) = \int_0^{\frac{a}{2}} f(a-t)\, dt$$

◀ 区間を分割すると
$\displaystyle\int_{\frac{a}{2}}^a f(x)\, dx = \int_0^{\frac{a}{2}} f(a-x)\, dx$
を示せばよいことがわかります。そこで $x = a - t$ とおき，直線 $x = \dfrac{a}{2}$ に関して対称移動します。

$$\therefore \int_0^a f(x)\,dx = \int_0^{\frac{a}{2}} f(x)\,dx + \int_{\frac{a}{2}}^a f(x)\,dx$$

$$= \int_0^{\frac{a}{2}} \{f(x) + f(a-x)\}\,dx$$

(2) $a = \dfrac{\pi}{2}$ として，(1)を利用すると

◀ (1)を利用します。

$$\int_0^{\frac{\pi}{2}} \frac{\cos x}{\sin x + \cos x}\,dx$$

$$= \int_0^{\frac{\pi}{4}} \left\{ \frac{\cos x}{\sin x + \cos x} + \frac{\cos\left(\frac{\pi}{2}-x\right)}{\sin\left(\frac{\pi}{2}-x\right) + \cos\left(\frac{\pi}{2}-x\right)} \right\}dx$$

$$= \int_0^{\frac{\pi}{4}} \left(\frac{\cos x}{\sin x + \cos x} + \frac{\sin x}{\cos x + \sin x} \right)dx$$

$$= \int_0^{\frac{\pi}{4}} \frac{\sin x + \cos x}{\sin x + \cos x}\,dx = \int_0^{\frac{\pi}{4}} dx = \frac{\pi}{4}$$

　ちょっと慣れてきましたか？　次はノーヒントです。どうし
たら区間が合わせられるか考えましょう。

次の等式が成り立つことを示せ。
$$\int_{-1}^1 \frac{\sin^2(\pi x)}{1 + e^x}\,dx = \int_0^1 \sin^2(\pi x)\,dx = \frac{1}{2}$$

(東北大)

解答 $\displaystyle \int_{-1}^1 \frac{\sin^2(\pi x)}{1 + e^x}\,dx = \int_{-1}^0 \frac{\sin^2(\pi x)}{1 + e^x}\,dx + \int_0^1 \frac{\sin^2(\pi x)}{1 + e^x}\,dx$

$$\cdots\cdots(*)$$

◀ 区間を合わせるために分割します。次に，青色の字の積分区間を $[0,\ 1]$ にするために $x = -t$ と置換します。この置換は，y 軸に関する対称移動です。

$x = -t$ とおくと，$\dfrac{dx}{dt} = -1$　∴　$dx = -dt$

$$\int_{-1}^0 \frac{\sin^2(\pi x)}{1 + e^x}\,dx = \int_1^0 \frac{\sin^2(-\pi t)}{1 + e^{-t}}(-dt) = \int_0^1 \frac{e^t \sin^2(\pi t)}{1 + e^t}\,dt$$

$$(*) = \int_0^1 \frac{e^x \sin^2(\pi x)}{1 + e^x}\,dx + \int_0^1 \frac{\sin^2(\pi x)}{1 + e^x}\,dx$$

$$= \int_0^1 \frac{1 + e^x}{1 + e^x}\sin^2(\pi x)\,dx = \int_0^1 \sin^2(\pi x)\,dx$$

$$= \int_0^1 \frac{1 - \cos 2\pi x}{2}\,dx = \left[\frac{1}{2}\left(x - \frac{1}{2\pi}\sin 2\pi x\right)\right]_0^1 = \frac{1}{2}$$

19 アプローチ

　絶対値の積分では，被積分関数 $\left(\int の中身\right)$ のグラフを丁寧に場合分けして考えるのが原則ですが，差の絶対値の積分

$$\int_a^b |f(x)-g(x)|\,dx$$

が，2 つの曲線 $y=f(x)$ と $y=g(x)$ が区間 $[a,\ b]$ で囲む面積であることに着目するとよい問題も多いです。

◀ 面積は差の絶対値の積分です！
2 つのグラフの囲む面積であると考えます。

　本問では，$y=\sin t$ と $y=\sin x$（定数）が区間 $[0,\ \pi]$ で囲む面積と考えるのがポイントとなります。

解答

(1)　$0\leqq t\leqq\pi$ で $\sin t\geqq 0$ だから

$$f(0)=\int_0^\pi |\sin t|\,dt=\int_0^\pi \sin t\,dt=\Big[-\cos t\Big]_0^\pi=2$$

(2)　$0\leqq x\leqq\dfrac{\pi}{2}$ に対して

$$f(x)=\int_0^\pi |\sin t-\sin x|\,dt$$

は，区間 $[0,\ \pi]$ において，$y=\sin t$ と $y=\sin x$（定数）が囲む面積である。したがって，$0\leqq\sin x\leqq 1$ より次の図のようになる。

◀ $t=\dfrac{\pi}{2}$ に関する対称性から，交点の t 座標は x，$\pi-x$ です。

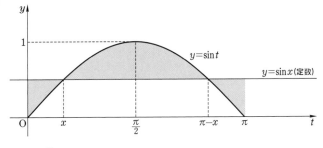

$t=\dfrac{\pi}{2}$ に関する対称性に注意すると

$$\frac{f(x)}{2}=\int_0^x(\sin x-\sin t)\,dt+\int_x^{\frac{\pi}{2}}(\sin t-\sin x)\,dt$$

$$\cdots\cdots(*)$$

$$=\Big[t\sin x+\cos t\Big]_0^x+\Big[t\sin x+\cos t\Big]_{\frac{\pi}{2}}^x$$

$$=2(x\sin x+\cos x)-1-\frac{\pi}{2}\sin x$$

$$\therefore\quad f(x)=(4x-\pi)\sin x+4\cos x-2$$

◀ この積分に関しては \ちょっと/ 一言 を参照！

(3)　$f'(x)=4\sin x+(4x-\pi)\cos x-4\sin x$

$$=(4x-\pi)\cos x$$

よって，増減表は右のよう

になり，$f(x)$ は $x=\dfrac{\pi}{4}$ で

最小値 $2\sqrt{2}-2$ をとる。

x	0	$\cdots$	$\dfrac{\pi}{4}$	$\cdots$	$\dfrac{\pi}{2}$
$f'(x)$		$-$	0	$+$	
$f(x)$		$\searrow$		$\nearrow$	

\ちょっと/
一言

（*）の積分では，$\displaystyle\int_x^{\frac{\pi}{2}}=-\int_{\frac{\pi}{2}}^x$ を利用すると

$$(*)=\int_0^x(\sin x-\sin t)\,dt+\int_{\frac{\pi}{2}}^x(\sin x-\sin t)\,dt$$

のように同じ積分になります。区間の上端が揃いますから，

$F'(t)=\sin x-\sin t$ として，上式は

$$\Big[F(t)\Big]_0^x+\Big[F(t)\Big]_{\frac{\pi}{2}}^x$$

$$=2F(x)-F(0)-F\Big(\frac{\pi}{2}\Big)$$

として計算しています。

◀ 積分区間の上端と下端を入れかえると，同じ積分になります！

次は，本問の類題です。チャレンジしてみましょう。

a を定数，e を自然対数の底とする。$I(a)=\displaystyle\int_0^1|e^x-a|\,dx$ とおくとき，次の問いに答えよ。

(1)　$I(a)$ を求めよ。

(2)　a が実数全体を動くとき，$I(a)$ の最小値を求めよ。

$y=e^x$ と $y=a$ が区間 $[0,\ 1]$ で囲む面積とみるとよさそうですね。

◀ もし，$|e^x+a|$ だったら，$|a-(-e^x)|$ とみて，$y=a$ と $y=-e^x$ の囲む面積とみます。

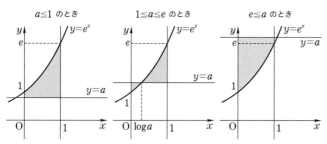

解答 (1) $a \leqq 1$ のとき

$$I(a) = \int_0^1 (e^x - a)\,dx = \Big[e^x - ax\Big]_0^1 = -a + e - 1$$

◀ $a \leqq 1$ のとき，傾き -1 で単調減少します。

$1 \leqq a \leqq e$ のとき

$$I(a) = \int_0^{\log a} (a - e^x)\,dx + \int_{\log a}^1 (e^x - a)\,dx$$

$$= \Big[ax - e^x\Big]_0^{\log a} + \Big[ax - e^x\Big]_1^{\log a}$$

$$= 2(a\log a - a) - (-1) - (a - e)$$

$$= 2a\log a - 3a + e + 1$$

$a \geqq e$ のとき

$$I(a) = \int_0^1 (a - e^x)\,dx = \Big[ax - e^x\Big]_0^1 = a - e + 1$$

◀ $a \geqq e$ のとき，傾き 1 で単調増加します。

(2) (1)より

$a \leqq 1$ のとき単調減少，$a \geqq e$ のとき単調増加

$1 \leqq a \leqq e$ のとき

◀ $1 \leqq a \leqq e$ の部分が問題です。

$$I(a) = 2a\log a - 3a + e + 1$$

$$I'(a) = 2\log a - 1$$

◀

a	$\cdots$	1	$\cdots$	$\sqrt{e}$	$\cdots$	e	$\cdots$
$I'(a)$	$-$		$-$	0	$+$		$+$
$I(a)$	$\searrow$		$\searrow$		$\nearrow$		$\nearrow$

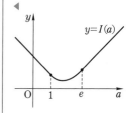

より，$I(a)$ は $a = \sqrt{e}$ で**最小値**

$$\sqrt{e} - 3\sqrt{e} + e + 1 = (\sqrt{e} - 1)^2$$

をとる。

＼ちょっと／
一言

　$I(a)$ は場合分け関数です。$a \leqq 1$，$1 \leqq a \leqq e$，$e \leqq a$ の場合をつないだグラフをイメージしましょう。

テーマ **20** 関数の決定

20 アプローチ

定積分を含む $f(x)$ の関数方程式の問題です。

(1) $\displaystyle\int_a^b f(t)\,dt$ のように区間が定数の場合は,

$\displaystyle\int_a^b \boldsymbol{f(t)}\,\boldsymbol{dt} = \boldsymbol{A}$(**定数**) とおいて処理しましょう。

ただし,今回は積分の中に x が入っているので,定数とおけません。加法定理で展開して x を外に出しましょう。

(2) 積分区間に x を含む場合は,

微積分の基本原則 $\dfrac{d}{dx}\displaystyle\int_a^x f(t)\,dt = f(x)$ を利用し両辺を微分

しましょう。こちらも積分の中に x が入っているので,追い出す必要があります。あとは,区間の幅が 0 となる条件から関数を決定します。

◀ これに関する詳しい補足は
重要ポイント 総整理!
を参照!

(3) 多項式の場合は,最高次の次数と係数を比較するのが原則です。次数が決まったら,$f(x)$ を文字でおいて恒等式に持ち込みます。

解答 ⋯⋯⋯⋯⋯⋯⋯⋯⋯⋯⋯⋯⋯⋯⋯⋯⋯⋯⋯⋯⋯⋯⋯⋯

(1) $f(x) = \sin x + \dfrac{1}{\pi}\displaystyle\int_0^\pi f(t)\cos(x-t)\,dt$

$\qquad = \sin x + \dfrac{1}{\pi}\displaystyle\int_0^\pi f(t)(\cos x\cos t + \sin x\sin t)\,dt$

$\qquad = \sin x + \dfrac{\cos x}{\pi}\displaystyle\int_0^\pi f(t)\cos t\,dt + \dfrac{\sin x}{\pi}\displaystyle\int_0^\pi f(t)\sin t\,dt$

◀ 積分の中に x が入っているときは,x を外に出すのを忘れずに!
x は積分の中では定数ですが,$f(x)$ としてみた場合は変数です。

ここで

$\qquad \dfrac{1}{\pi}\displaystyle\int_0^\pi f(t)\cos t\,dt = A \quad \cdots\cdots①$

$\qquad \dfrac{1}{\pi}\displaystyle\int_0^\pi f(t)\sin t\,dt = B \quad \cdots\cdots②$

とおくと

$\qquad f(x) = \sin x + A\cos x + B\sin x$

$\qquad\quad\ = (B+1)\sin x + A\cos x$

◀ x を追い出した後に A,B とおきます。このように複数おく場合もあります。あとは,$f(x)$ を①,②に代入して連立させます。

これを①に代入して

$\qquad A = \dfrac{1}{\pi}\displaystyle\int_0^\pi \{(B+1)\sin t\cos t + A\cos^2 t\}\,dt$

$\qquad\quad = \dfrac{1}{\pi}\displaystyle\int_0^\pi \left\{(B+1)\sin t\cos t + A\cdot\dfrac{1+\cos 2t}{2}\right\}\,dt$

$$=\frac{1}{\pi}\left[\frac{B+1}{2}\sin^2 t+\frac{A}{2}\left(t+\frac{1}{2}\sin 2t\right)\right]_0^\pi=\frac{A}{2}$$

よって，$A=\dfrac{A}{2}$ より，$A=0$

これより，$f(x)=(B+1)\sin x$ を②に代入して

$$B=\frac{1}{\pi}\int_0^\pi (B+1)\sin^2 t\,dt$$

$$=\frac{B+1}{2\pi}\int_0^\pi (1-\cos 2t)\,dt$$

$$=\frac{B+1}{2\pi}\left[t-\frac{1}{2}\sin 2t\right]_0^\pi=\frac{B+1}{2}$$

よって，$B=\dfrac{B+1}{2}$ より，$B=1$

以上より，$f(x)=2\sin x$

(2) $f(x)+\displaystyle\int_0^x f(t)e^{x-t}dt=\sin x$ ……(**)

両辺に e^{-x} をかけると

◀ x を追い出します！

$$e^{-x}f(x)+\int_0^x f(t)e^{-t}dt=e^{-x}\sin x$$

両辺を x で微分して

$$-e^{-x}f(x)+e^{-x}f'(x)+f(x)e^{-x}=-e^{-x}\sin x+e^{-x}\cos x$$

$$e^{-x}f'(x)=-e^{-x}\sin x+e^{-x}\cos x$$

∴ $f'(x)=-\sin x+\cos x$

∴ $f(x)=\displaystyle\int(-\sin x+\cos x)\,dx=\cos x+\sin x+C$

(**)で $x=0$ とすると，$f(0)=0$ であるので

◀ 区間の幅が0なら定積分の値は0です。これを利用します。

$$f(0)=1+C=0 \quad ∴ \quad C=-1$$

以上より，$f(x)=\cos x+\sin x-1$

＼ちょっと／
一言

　積分の中に x が入っているときは，x を追い出す必要があります。例えば，

$\displaystyle\int_a^x xf(t)\,dt$ の場合は，$\dfrac{d}{dx}\displaystyle\int_a^x xf(t)\,dt=xf(x)$ としたらダメです。

　x を追い出して

$$\int_a^x xf(t)\,dt=x\int_a^x f(t)\,dt \quad \left(\int \text{の中は } t \text{ のみにする}\right)$$

$$\frac{d}{dx}\int_a^x xf(t)\,dt=\frac{d}{dx}\left(x\int_a^x f(t)\,dt\right)$$

$$=\int_a^x f(t)\,dt+xf(x) \quad [\text{積の微分}]$$

となります。

　また，$\int_a^x f(x-t)\,dt$ などの場合は，$x-t=u$ と置換して，x を追い出しましょう。

別解　x を追い出して

$$f(x)+e^x\int_0^x f(t)e^{-t}\,dt=\sin x \quad\cdots\cdots(**)$$

両辺を x で微分して

$$f'(x)+e^x\int_0^x f(t)e^{-t}\,dt+e^x\cdot f(x)e^{-x}=\cos x$$

$$f'(x)+\underbrace{e^x\int_0^x f(t)e^{-t}\,dt+f(x)}_{(**)\text{より}\sin x}=\cos x$$

◀ もう一度微分するとよい問題もありますが，今回は大変そうです。でも，よく見てみると……

よって，$f'(x)=\cos x-\sin x$

とすることもできます。

(3)　$f(x)=a\,(\text{定数})$ のとき，$0=ax+12$ となり成立しない。

　　$f(x)$ が n 次式 $(n\geqq1)$ のとき

$$f(x)=ax^n+bx^{n-1}+\cdots\cdots \quad (a\neq0)$$

とおくと

$$[(*)\text{の左辺の最高次}]=ax^n\cdot anx^{n-1}=a^2nx^{2n-1}$$

$$[(*)\text{の右辺の最高次}]=\frac{a}{n+1}x^{n+1}$$

◀ 最高次の次数のみ比較して，$2n-1=n+1$ から $n=2$ として考えてもよいです。このときは $f(x)=ax^2+bx+c$ とおいて代入します。

$$\therefore\quad a^2n=\frac{a}{n+1} \quad\text{かつ}\quad 2n-1=n+1$$

$$\therefore\quad n=2,\ a=\frac{1}{6}$$

これより，$f(x)=\dfrac{1}{6}x^2+bx+c$ とおける。$(*)$ に代入して

◀ $(*)$ は x の恒等式です。

$$\left(\frac{1}{6}x^2+bx+c\right)\left(\frac{x}{3}+b\right)=\frac{x^3}{18}+\frac{b}{2}x^2+cx+12$$

$$\therefore\quad \left(b^2-\frac{2}{3}c\right)x+(bc-12)=0$$

これがすべての x で成り立つから

$$b^2-\frac{2}{3}c=0 \quad\text{かつ}\quad bc-12=0$$

これより c を消去して，$b^3=8$　　$b=2,\ c=6$

◀ b は実数です。

以上より，$f(x)=\dfrac{1}{6}x^2+2x+6$

重要ポイント 総整理! 《問題(2)について》

❶ $\dfrac{d}{dx}\displaystyle\int_a^x f(t)\,dt = f(x)$ については

$F'(t) = f(t)$ とすると

$$\int_a^x f(t)\,dt = \Big[F(t)\Big]_a^x = F(x) - F(a)$$

この両辺を x で微分すると

$$\frac{d}{dx}\int_a^x f(t)\,dt = f(x)$$

◀ $F(a)$ は定数なので,微分すると消えます。

となります。

　このような意味がしっかりわかっていれば,いろいろなバリエーションに対応できます。

　例えば,$\dfrac{d}{dx}\displaystyle\int_{2x}^{x^2} f(t)\,dt$ の場合,$F'(t) = f(t)$ として

◀ しっかり意味を理解して応用できるようにしましょう。

$$\int_{2x}^{x^2} f(t)\,dt = \Big[F(t)\Big]_{2x}^{x^2} = F(x^2) - F(2x)$$

を微分することになるので,合成関数の微分から

$$\frac{d}{dx}\int_{2x}^{x^2} f(t)\,dt = 2xf(x^2) - 2f(2x)$$

となることがわかります。

❷ (2)では,式を微分しただけではダメで,$x=0$ を代入して $\displaystyle\int_0^0 = 0$ の条件を使いました。それはなぜかを説明します。

$f(x) = g(x)$ ならば

$f'(x) = g'(x)$ は真ですが,その逆

$f'(x) = g'(x)$ ならば

$f(x) = g(x)$ は偽です。

(接線の傾きが同じだからといって,同じグラフにはなりませんよね。)

$y = f(x) = x^2 + 2$
$y = g(x) = x^2 + 1$

◀ 例えば,$f(x) = x^2 + 2$ と $g(x) = x^2 + 1$ が反例です。

　そこで,傾きだけでなく,同じ点を通る条件 $f(a) = g(a)$ を加えると同じグラフになりますので

$$f'(x) = g'(x) \text{ かつ } f(a) = g(a) \iff f(x) = g(x)$$

が必要十分条件となります。したがって,(2)では,式を微分した条件に加え,$x=0$ を代入した条件を考えているわけです。

◀ 両辺を微分した条件は必要条件です。まだ不十分なので,$f(a) = g(a)$ も確認しましょう!

テーマ 21 | 区分求積法

21 アプローチ

(1) ABが直径なので $\angle AP_kB=\dfrac{\pi}{2}$ です。また，円の中心をO

とすると，$\angle AOP_k=\dfrac{k\pi}{n}$，円周角の性質から

$\angle ABP_k=\dfrac{1}{2}\angle AOP_k=\dfrac{k\pi}{2n}$ となることから，三角比を用いて

$L(k,\ n)$ を表しましょう。

◀ 計算できない $\sum$ の極限で，$\dfrac{1}{n}$ や $\dfrac{k}{n}$ を見かけたら，区分求積法の出番です。イメージや意味については 重要ポイント 総整理！を参照！

(2) $\displaystyle\lim_{n\to\infty}\dfrac{1}{n}\sum_{k=1}^{n}L(k,\ n)$ には，$\dfrac{1}{n}$，$\dfrac{k}{n}$ が含まれていますね。このような $\sum$ の極限では，区分求積法を利用しましょう。

解答

(1) 右の図より

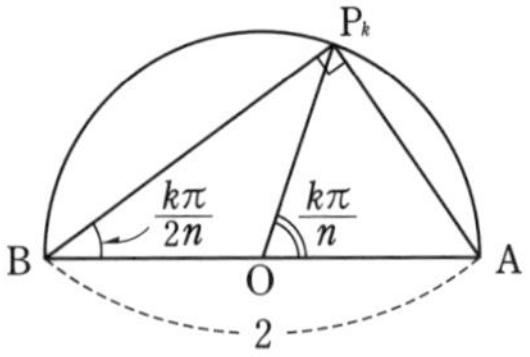

$AP_k=2\sin\dfrac{k\pi}{2n}$，$BP_k=2\cos\dfrac{k\pi}{2n}$

であるから

$L(k,\ n)=AP_k+BP_k+2$

$=2\sin\dfrac{k\pi}{2n}+2\cos\dfrac{k\pi}{2n}+2$ ……（＊）

◀ こちらは三角比の問題です。

(2) （＊）は，$k=n$ のとき，4 となり成立するので

$\displaystyle\lim_{n\to\infty}\dfrac{1}{n}\sum_{k=1}^{n}L(k,\ n)$

$\displaystyle=\lim_{n\to\infty}\dfrac{1}{n}\sum_{k=1}^{n}\left(2\sin\dfrac{k\pi}{2n}+2\cos\dfrac{k\pi}{2n}+2\right)$ ……①

$\displaystyle=\int_0^1\left(2\sin\dfrac{\pi}{2}x+2\cos\dfrac{\pi}{2}x\right)dx+2$

$=\left[-\dfrac{4}{\pi}\cos\dfrac{\pi}{2}x+\dfrac{4}{\pi}\sin\dfrac{\pi}{2}x\right]_0^1+2=\dfrac{8}{\pi}+2$

◀ 区分求積法を利用します。

◀ $\dfrac{1}{n}\displaystyle\sum_{k=1}^{n}2=\dfrac{1}{n}\cdot 2n=2$ に注意！

◀ 別の見方については 重要ポイント 総整理！ ❷を参照！

重要ポイント 総整理！

❶ 《区分求積法》

区間 $[0,\ 1]$ を n 等分し，次の図のようなたんざくの面積の和を考えると

〈たんざくの面積の和〉

$=\dfrac{1}{n}f\left(\dfrac{1}{n}\right)+\dfrac{1}{n}f\left(\dfrac{2}{n}\right)+\cdots\cdots+\dfrac{1}{n}f\left(\dfrac{n}{n}\right)=\dfrac{1}{n}\sum_{k=1}^{n}f\left(\dfrac{k}{n}\right)$ ……②

◀ 一般項は $\dfrac{1}{n}f\left(\dfrac{k}{n}\right)$ です。

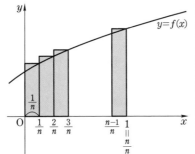

ここで，$n \to \infty$ とすると，②の値は，区間 $[0, 1]$ において，$y = f(x)$ のグラフと x 軸が囲む部分の面積に限りなく近づきます。

これより

$$\lim_{n \to \infty} \frac{1}{n} \sum_{k=1}^{n} f\left(\frac{k}{n}\right) = \int_0^1 f(x)\,dx \quad \cdots\cdots ③$$

＼ちょっと／
一言

③のイメージは，$n \to \infty$ としたとき

① 微小幅 $\dfrac{1}{n} \longrightarrow dx$ $\left[\dfrac{1}{n}\ を\ dx\ に！\right]$

② $\Sigma \longrightarrow \displaystyle\int$ ［シグマはインテグラルに！］

③ $\dfrac{k}{n}$（k 番目の x 座標）$\longrightarrow x$ $\left[\dfrac{k}{n}\ は\ x\ に！\right]$

$\dfrac{k}{n}$ が x に対応するので，区間は $\dfrac{k}{n}$ の極限で決まります。 ◀ $n \to \infty$ です。

例えば，$\displaystyle\lim_{n \to \infty} \frac{1}{n} \sum_{k=n+1}^{2n} f\left(\frac{k}{n}\right)$ なら，

$\dfrac{k}{n}$ が $\dfrac{n+1}{n} \longrightarrow \dfrac{2n}{n} = 2$ まで動くことから
$\phantom{\dfrac{k}{n}\ が\ }\downarrow\ (n \to \infty) \quad \downarrow$
$\phantom{\dfrac{k}{n}\ が\ }1 2$

◀ $\dfrac{n+1}{n} = 1 + \dfrac{1}{n}$ より，$x = 1$ の1つ右のたんざくからスタートです！

区間は $1 \to 2$ となります。

$\displaystyle\lim_{n \to \infty} \frac{1}{n} \sum_{k=1}^{2n-3} f\left(\frac{k}{n}\right)$ なら，$\dfrac{k}{n} : \dfrac{1}{n} \longrightarrow \dfrac{2n-3}{n} = 2 - \dfrac{3}{n}$
$\downarrow\ (n \to \infty) \quad\ \downarrow$
$0 2$

◀ $2 - \dfrac{3}{n}$ より，$x = 2$ の3つ手前のたんざくまでです！

区間は $0 \to 2$ となります。たんざくの数がちょっと増えたり減ったりしても区間には影響はありませんが，n に依存する場合は変わることに注意しましょう。

$$\lim_{n \to \infty} \left(\frac{(2n)!}{n!\,n^n}\right)^{\frac{1}{n}}\ を求めよ。$$ （北海道大）

階乗の極限では，対数をとると積が和に直せることを利用して，区分求積法に持ち込むことが多いです。

◀ 積を和に直したければ対数をとります。

解答 対数をとると

$$\log\left(\frac{(2n)!}{n!\,n^n}\right)^{\frac{1}{n}}=\frac{1}{n}\log\frac{(n+1)(n+2)\cdots\cdots(2n)}{n^n}$$

$$=\frac{1}{n}\left(\log\frac{n+1}{n}\cdot\frac{n+2}{n}\cdots\cdots\cdot\frac{2n}{n}\right)$$

$$=\frac{1}{n}\left(\log\frac{n+1}{n}+\log\frac{n+2}{n}+\cdots\cdots+\log\frac{2n}{n}\right)$$

$$=\frac{1}{n}\sum_{k=n+1}^{2n}\log\frac{k}{n}$$

◀ 和に直せました。

$$\therefore\ \lim_{n\to\infty}\left\{\log\left(\frac{(2n)!}{n!\,n^n}\right)^{\frac{1}{n}}\right\}=\lim_{n\to\infty}\frac{1}{n}\sum_{k=n+1}^{2n}\log\frac{k}{n}=\int_1^2\log x\,dx$$

$$=\Big[x\log x-x\Big]_1^2=\log\frac{4}{e}$$

◀ $\frac{1}{n}\sum\limits_{k=1}^{n}\log\left(1+\frac{k}{n}\right)$
と変形してもよいです。この場合は
$\int_0^1\log(1+x)\,dx$ となります。

$\log x$ は単調な連続関数だから，$\displaystyle\lim_{n\to\infty}\left(\frac{(2n)!}{n!\,n^n}\right)^{\frac{1}{n}}=\frac{4}{e}$

②《いろいろな表し方》

微小幅は $\dfrac{1}{n}$ でなくてもオッケーです。

例えば，右の図のように区間 $[a,\ b]$ を n 等分した場合は，微小幅が $\dfrac{b-a}{n}$，たんざくの k 番目の x 座標は $a+\dfrac{b-a}{n}k$ となるので

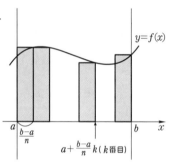

$$\lim_{n\to\infty}\frac{b-a}{n}\sum_{k=1}^{n}f\left(a+\frac{b-a}{n}k\right)=\int_a^b f(x)\,dx$$

とも表現できます。これより，21 の **解答** の①式は，

微小幅を $\dfrac{\pi}{n}$ と思えば，$\dfrac{k}{n}\pi$（k 番目の x）が x となるので

◀ つねに $\frac{1}{n}$ と $\frac{k}{n}$ で考えてもほとんど困りませんが，意味をしっかり理解する上で，いろいろな表現法は知っておくとよいです。

$$k:1\to n\ \text{のとき，}\ \frac{\pi}{n}k:\frac{\pi}{n}\to\frac{\pi}{n}\cdot n=\pi$$

から，区間 $[0,\ \pi]$ を n 等分していることになり

$$①=\lim_{n\to\infty}\frac{1}{\pi}\cdot\frac{\pi}{n}\sum_{k=1}^{n}\left(2\sin\frac{k\pi}{2n}+2\cos\frac{k\pi}{2n}\right)+2$$

$$=\frac{1}{\pi}\int_0^\pi\left(2\sin\frac{x}{2}+2\cos\frac{x}{2}\right)dx+2$$

として計算することもできます。

◀ $\frac{\pi}{n}$ を dx，$\frac{\pi}{n}k$ を x に変えます。

テーマ 22 定積分と不等式

22 アプローチ

計算できないシグマの極限では，

面積を利用して不等式を作り，はさみうちの原理に持ち込む

とよいものが多く出題されます。

本問では

$$\log(n!)=\log 1+\log 2+\cdots\cdots+\log n=\sum_{k=1}^{n}\log k$$

から，高さが $\log k$，横幅が 1 の長方形の面積の和をイメージし，

$n\log n-n$ から $\displaystyle\int_{1}^{n}\log x\,dx$ をイメージすることにより，長方形の

面積の和と $y=\log x$ のグラフおよび x 軸の囲む部分の面積を比

べましょう。

◀ 長方形の面積の和をイメージしましょう！

◀ $\log x$ の積分をイメージしましょう！

解答

(1) 右の図から

$$\log(n!)=\sum_{k=1}^{n}\log k$$

$$\geqq\int_{1}^{n}\log x\,dx$$

$$=\Big[x\log x-x\Big]_{1}^{n}$$

$$=n\log n-n+1$$

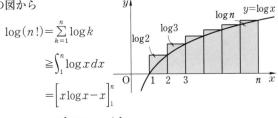

◀ 長方形をグラフの上側にとって，面積 $\displaystyle\int_{1}^{n}\log x\,dx$ で下から抑えます。

上から抑えるとき，最

後の長方形を単独にして

$n\geqq 2$ のとき

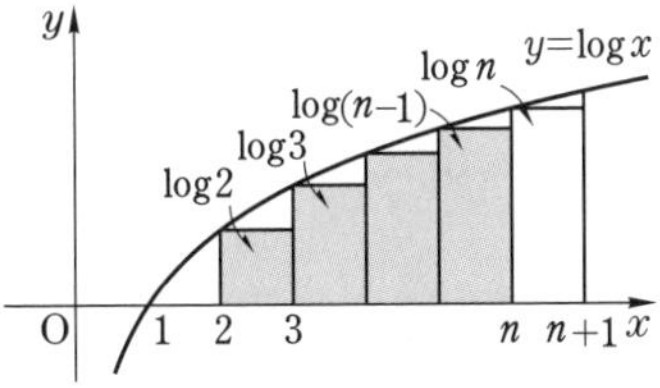

$$\log(n!)=\sum_{k=1}^{n-1}\log k$$
$$\qquad\qquad +\log n$$

$$\leqq\int_{1}^{n}\log x\,dx+\log n$$

$$=\Big[x\log x-x\Big]_{1}^{n}+\log n$$

$$=(n+1)\log n-n+1$$

これは，$n=1$ でも成り立つ。

◀ 長方形をグラフの下側にとって，面積 $\displaystyle\int_{1}^{n+1}\log x\,dx$ で上から抑えると，題意の不等式が作れません。
この解決法は

\ちょっと/ 一言 を参照！

(2) $n \geqq 3$ のとき，$n\log n - n = n(\log n - 1) > 0$ より

(1)の不等式の各辺を $n\log n - n$ で割ると

$$\frac{n\log n - n + 1}{n\log n - n} \leqq \frac{\log(n!)}{n\log n - n} \leqq \frac{(n+1)\log n - n + 1}{n\log n - n}$$

$$\therefore \quad 1 + \frac{1}{n(\log n - 1)} \leqq \frac{\log(n!)}{n\log n - n} \leqq 1 + \frac{\log n + 1}{n(\log n - 1)}$$

$$\cdots\cdots(*)$$

> どうせ n を ∞ に飛ばすのだから，十分大きい n で成り立っていればよいです。$\log e = 1$，$e < 3$ に注意しましょう。

ここで

$$\lim_{n \to \infty} \frac{\log n + 1}{n(\log n - 1)} = \lim_{n \to \infty} \frac{1}{n} \cdot \frac{1 + \dfrac{1}{\log n}}{1 - \dfrac{1}{\log n}} = 0$$

であるので，$(*)$ ではさみうちの原理より

$$\lim_{n \to \infty} \frac{\log(n!)}{n\log n - n} = 1$$

> $(*)$ を利用して，はさみうちの原理を利用します！
> 不等式が与えられて極限を求める問題ははさみうちです。

\ちょっと/ 一言

(1)の後半で，長方形の面積を上から抑える際

$$\log(n!) = \sum_{k=1}^{n} \log k$$

$$\leqq \int_{1}^{n+1} \log x\, dx = (n+1)\log(n+1) - n$$

としてしまうと，与えられた不等式が作れません。そこで解答では，$\log n$ を作るために最後の長方形は単独にして

$$\int_{1}^{n} \log x\, dx + \log n$$

で抑えています。

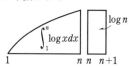

> この抑え方でも(2)の極限は求められますが，与えられた不等式を作る必要があるので，何を積分したものかよく考えて調整しましょう。

> 積分区間の上端を n にすれば $\log n$ が作れます。

重要ポイント 総整理！

計算できないシグマの不等式を直接作る際には

① 面積で評価する。

② 計算できる数列で評価する。

で処理をするのが原則です。

> もちろん，数学的帰納法による方法がよい場合もありますよ。左のまとめは直接作る場合です。

① 《面積で評価する他の例》

本問では，長方形の面積の和とグラフの囲む部分の面積を比べましたが，面積を台形で評価する問題もあります。

> 長方形で評価するより精度が上がります！

次の各不等式を証明せよ。ただし，n は自然数で，対数は自然対数とする。

(1) $\dfrac{1}{n+1} < \displaystyle\int_n^{n+1} \dfrac{1}{x}\,dx < \dfrac{1}{2}\left(\dfrac{1}{n}+\dfrac{1}{n+1}\right)$

(2) $1 + \dfrac{1}{2} + \dfrac{1}{3} + \cdots\cdots + \dfrac{1}{n} - \log n > \dfrac{1}{2}$

(東北大)

解答 (1) 下の図において

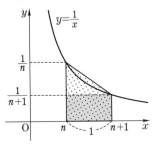

$y = \dfrac{1}{x}$ のグラフが区間 $[n,\ n+1]$ で x 軸とで囲む部分の面

積と，長方形，台形の面積を比べることにより

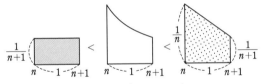

$\therefore\quad \dfrac{1}{n+1} < \displaystyle\int_n^{n+1} \dfrac{1}{x}\,dx < \dfrac{1}{2}\left(\dfrac{1}{n}+\dfrac{1}{n+1}\right)$

(2) $n \geqq 2$ のとき，(1)の右側の不等式の和を考えると

$$\sum_{k=1}^{n-1}\int_k^{k+1}\frac{1}{x}\,dx < \sum_{k=1}^{n-1}\frac{1}{2}\left(\frac{1}{k}+\frac{1}{k+1}\right)$$

$$= \frac{1}{2}\left\{\left(1+\frac{1}{2}\right)+\left(\frac{1}{2}+\frac{1}{3}\right)+\cdots\cdots\right.$$

$$\left.+\left(\frac{1}{n-2}+\frac{1}{n-1}\right)+\left(\frac{1}{n-1}+\frac{1}{n}\right)\right\}$$

$$= \frac{1}{2}\cdot 1 + \frac{1}{2}+\frac{1}{3}+\cdots\cdots+\frac{1}{n-1}+\frac{1}{2}\cdot\frac{1}{n}$$

$$\sum_{k=1}^{n-1}\int_k^{k+1}\frac{1}{x}\,dx = \int_1^n \frac{1}{x}\,dx = \Big[\log|x|\Big]_1^n = \log n \quad \text{より}$$

$$\log n < \frac{1}{2}\cdot 1 + \frac{1}{2}+\frac{1}{3}+\cdots\cdots+\frac{1}{n-1}+\frac{1}{2}\cdot\frac{1}{n}$$

$$\therefore\quad 1+\frac{1}{2}+\frac{1}{3}+\cdots\cdots+\frac{1}{n}-\log n > \frac{1}{2}+\frac{1}{2n} > \frac{1}{2}$$

◀ **22** の解答では，長方形全体で考えましたが，この問題のように，長方形１つ分の評価式がヒントとして出題される場合があります。この場合は，不等式の両辺の和をうまくとって調整します。

◀ $\dfrac{1}{2}\left(\dfrac{1}{n}+\dfrac{1}{n+1}\right)$ を見て台形をイメージできるかが鍵です。

◀ どこまで加えればよいかは，与えられた式を見て調整しましょう！

◀ { } の中には 1 と $\dfrac{1}{n}$ 以外は 2 個ずつ出てきます。

② 《計算できる数列で評価する例》

> $\sum\limits_{k=1}^{n}\dfrac{1}{k!}<2$ であることを，次の方法で示せ。
>
> (1) $k\geqq 2$ のとき，$k!\geqq k(k-1)$ を利用する。
>
> (2) $k\geqq 1$ のとき，$k!\geqq 2^{k-1}$ を利用する。

不等式の意味は

$$k\geqq 2 \text{ のとき，} k!=k(k-1)\underbrace{(k-2)\cdots\cdots 2\cdot 1}_{\text{ここをカット！}}\geqq k(k-1)$$

$$k\geqq 1 \text{ のとき，} k!=\underbrace{k(k-1)\cdots\cdots 3\cdot 2}_{\text{すべて2以上}}\cdot 1\geqq 2^{k-1}\cdot 1$$

◀ 有名なものをチョイスしてみました。

です。この関係式を利用して，計算できる和に直して評価します。

解答 (1) $k\geqq 2$ のとき，$\dfrac{1}{k!}\leqq\dfrac{1}{(k-1)k}$ であるから

$n\geqq 2$ のとき

$$\sum_{k=1}^{n}\frac{1}{k!}\leqq 1+\sum_{k=2}^{n}\frac{1}{(k-1)k}$$

$$=1+\sum_{k=2}^{n}\left(\frac{1}{k-1}-\frac{1}{k}\right)=1+\left(1-\frac{1}{n}\right)=2-\frac{1}{n}<2$$

◀ 計算できるシグマで評価します！

これは $n=1$ のときも成立する。

(2) $k\geqq 1$ のとき，$\dfrac{1}{k!}\leqq\dfrac{1}{2^{k-1}}$ であるから

$n\geqq 1$ のとき

$$\sum_{k=1}^{n}\frac{1}{k!}\leqq\sum_{k=1}^{n}\frac{1}{2^{k-1}}=\frac{1-\dfrac{1}{2^n}}{1-\dfrac{1}{2}}=2-\frac{1}{2^{n-1}}<2$$

◀ こちらは等比数列の和で評価しています。

＼ちょっと／ 一言

> $\sum\limits_{n=0}^{\infty}\dfrac{1}{n!}=e\ (=2.718\cdots\cdots)$ が知られています。上の結果から
>
> $$\sum_{k=0}^{n}\frac{1}{k!}=1+\sum_{k=1}^{n}\frac{1}{k!}<1+2=3$$
>
> がわかります。

テーマ 23 | 面積

23 アプローチ

この問題は面積を求める問題なので，$y=f(x)$ と $y=g(x)$ のグラフをかく必要はありません。なぜなら，これらのグラフで囲まれる部分の面積 S は

$$S=\int_a^b |f(x)-g(x)|\,dx$$

と表せるので，差のグラフと x 軸が囲む部分の面積を考えればよいからです。対応は右の図のようになり，$f(x)-g(x)$ の符号を見ることにより，$y=f(x)$ と $y=g(x)$ のグラフの上下関係もわかります。

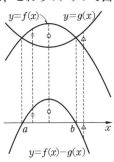

◀ もちろん，グラフがかきやすいものはかきますよ。本問では，$f(x)$ の増減を調べてもよいのですが，面積を求めればよいだけなので，差のグラフを考えましょう。問われたことだけ答えればよいのです。

ちなみに

$$f(x)-g(x)=\frac{1-ax^2}{x^2}\log x$$

は，$x>0$ の範囲では $x=1$ と $\dfrac{1}{\sqrt{a}}$ の前後

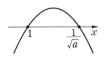

◀ 符号変化はこんな感じです。

で符号が変化しますから，$1<\dfrac{1}{\sqrt{a}}$ $(0<a<1)$ に注意すると，$y=f(x)-g(x)$ のグラフと x 軸の関係は，右上の図となります。このグラフと x 軸が囲む部分の面積が求めるものです。

解答

(1) $f(x)-g(x)=\dfrac{\log x}{x^2}-a\log x$

$\qquad\qquad =\left(\dfrac{1}{x^2}-a\right)\log x=\dfrac{1-ax^2}{x^2}\log x$

◀ $y=a$ と $y=\dfrac{1}{x^2}$ のグラフを比べてもよいですが，今回は $y=1-ax^2$ と $y=\log x$ の符号変化でイメージしました。

より，$f(x)-g(x)=0$ の解は $x=1,\ \dfrac{1}{\sqrt{a}}$

$0<a<1$ より，$1<\dfrac{1}{\sqrt{a}}$ であるから

$1\leqq x\leqq\dfrac{1}{\sqrt{a}}$ で $f(x)-g(x)\geqq 0$

$0<x\leqq 1,\ \dfrac{1}{\sqrt{a}}\leqq x$ で $f(x)-g(x)\leqq 0$

となる。曲線 $y=f(x)$ と曲線 $y=g(x)$ で囲まれた部分の面積

は，曲線 $y=f(x)-g(x)$ が x 軸と囲む部分の面積と等しいから

$$S(a)=\int_1^{\frac{1}{\sqrt{a}}}\{f(x)-g(x)\}dx=\int_1^{\frac{1}{\sqrt{a}}}\left(\frac{1}{x^2}-a\right)\log x\,dx$$

$$=\left[\left(-\frac{1}{x}-ax\right)\log x-\frac{1}{x}+ax\right]_1^{\frac{1}{\sqrt{a}}}$$

$$\underset{\frac{1}{x^2}+a}{}$$

$$=-2\sqrt{a}\,\log\frac{1}{\sqrt{a}}-(-1+a)=\sqrt{a}\,\log a-a+1$$

◀ 部分積分です！

(2) $a=\dfrac{1}{t}$ とおくと，$t>0$ であり

$$\lim_{a\to+0}S(a)=\lim_{t\to\infty}\left(-\frac{\log t}{\sqrt{t}}-\frac{1}{t}+1\right)$$

$$=\lim_{t\to\infty}\left(-2\cdot\frac{\log\sqrt{t}}{\sqrt{t}}-\frac{1}{t}+1\right)$$

$x=\sqrt{t}$ とおけば

$$\lim_{t\to\infty}\frac{\log\sqrt{t}}{\sqrt{t}}=\lim_{x\to\infty}\frac{\log x}{x}=0$$

となるので，$\displaystyle\lim_{a\to+0}S(a)=1$

◀ ヒントの $\displaystyle\lim_{x\to\infty}\frac{\log x}{x}=0$ を利用するために置き換えを行って，変数を∞に飛ばしましょう。

◀ 結局，$\sqrt{a}=\dfrac{1}{x}$ とおいたことになります。

重要ポイント 総整理！

次の問題では，2つのグラフはかきやすいですが，交点が求まりません。このような場合は，条件式をうまく利用するのがポイントです。こちらも重要問題なので，演習しておきましょう。

---

xy 平面上の2つの曲線 $C_1:y=a\cos x$ と $C_2:y=2\sin 2x$ について以下の問いに答えよ。

(1) C_1 と C_2 が $0<x<\dfrac{\pi}{2}$ の範囲で共有点をもつような定数 a の範囲を求めよ。

(2) 連立不等式 $0\leqq x\leqq\dfrac{\pi}{2}$，$0\leqq y\leqq 2\sin 2x$ の表す領域を D とする。C_1 が D を面積の等しい2つの部分に分けるように定数 a を定めよ。

(埼玉大)

解答 (1) $a\cos x=2\sin 2x$

$\therefore$ $a\cos x=4\sin x\cos x$　　$\therefore$ $\cos x(4\sin x-a)=0$

よって，$0<x<\dfrac{\pi}{2}$ で C_1 と C_2 が共有点をもつ条件は，

$\cos x\neq 0$ より $\sin x=\dfrac{a}{4}$ が $0<x<\dfrac{\pi}{2}$ に解をもつことから，

$$0<\frac{a}{4}<1\qquad\therefore\quad \boldsymbol{0<a<4}$$

(2) C_1 が D を面積の等しい 2 つの部分

に分けるとき，C_1 と C_2 の $0 < x < \dfrac{\pi}{2}$

における交点の x 座標を α とおくと，

(1)より

$$\sin\alpha = \frac{a}{4} \ (0 < a < 4)$$

グラフは右の図のようになるから，

C_2 と x 軸が囲む部分の面積は

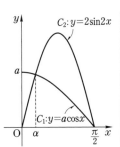

◀ この関係式を利用して求
めていきます！
ちなみに，
$\cos\alpha = \dfrac{\sqrt{16-a^2}}{4}$ です。
また，$a = 4\sin\alpha$ として，
α で表した方がよい問題
もあります。どちらにし
ても，この関係式をうま
く使うのがポイントです。

$$\int_0^{\frac{\pi}{2}} 2\sin 2x\,dx = \left[-\cos 2x\right]_0^{\frac{\pi}{2}} = 2$$

となるので，面積を 2 等分するとき

$$\int_\alpha^{\frac{\pi}{2}} (2\sin 2x - a\cos x)\,dx$$

$$= \left[-\cos 2x - a\sin x\right]_\alpha^{\frac{\pi}{2}}$$

$$= 1 - a + \cos 2\alpha + a\sin\alpha \quad \cdots\cdots(*)$$

$$= 2 - a - 2\sin^2\alpha + a\sin\alpha \quad (\because \ \cos 2\alpha = 1 - 2\sin^2\alpha)$$

$$= 2 - a - 2\left(\frac{a}{4}\right)^2 + a\cdot\frac{a}{4}$$

$$= \frac{a^2}{8} - a + 2 = 1$$

$$\therefore \ a^2 - 8a + 8 = 0$$

$0 < a < 4$ より，$\boldsymbol{a = 4 - 2\sqrt{2}}$

◀ 半分の面積は 1 です。

＼ちょっと／
一言

ちなみに，$a = 4\sin\alpha$ として α で表すと

$\quad (*) = 1 - 4\sin\alpha + (1 - 2\sin^2\alpha) + 4\sin^2\alpha = 1$

$\therefore \ 2\sin^2\alpha - 4\sin\alpha + 1 = 0$

$\therefore \ \sin\alpha = \dfrac{2 \pm \sqrt{2}}{2}$

$0 < \sin\alpha < 1$ より，$\sin\alpha = \dfrac{2 - \sqrt{2}}{2}$

よって，$a = 4\sin\alpha = 4 - 2\sqrt{2}$

これは，どちらでもできますね。問題によっては，a で表すか

α で表すかで，難易度が変わってきますので，どちらで表した方

がよいか考えて変形しましょう。

〈逆関数のグラフが囲む面積〉

関数 $f(x)=\dfrac{2\sqrt{2}\,\pi}{3}\sin\left(\dfrac{x}{3}+\dfrac{\pi}{6}\right)+\dfrac{(3-2\sqrt{2})\pi}{3}$ は $0\leqq x\leqq\pi$ において増加関数である。このとき，$f(x)$ の逆関数 $f^{-1}(y)$ について，定積分 $\displaystyle\int_{f(0)}^{f(\pi)}f^{-1}(y)\,dy$ の値を求めよ。

（金沢大・改）

関数 f は x から y への対応，その逆関数 f^{-1} は y から x への対応なので，$\boldsymbol{f^{-1}(f(x))=x}$ ……(*) が成り立ちます。本問のように，与えられた $f(x)$ の逆関数が求められない場合は，$y=f(x)$ と置換して(*)を利用しましょう。

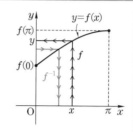

◀ x を f で移すと y になり，y を f^{-1} で移すと x に戻ります。もちろん $f^{-1}(f(y))=y$ も成り立ちます。ちなみに，$f(0)=\dfrac{(3-\sqrt{2})\pi}{3}$，$f(\pi)=\pi$ になっています。

解答 $y=f(x)$ とおくと

x	$0\ \rightarrow\ \pi$
y	$f(0)\rightarrow f(\pi)$

$$\int_{f(0)}^{f(\pi)}f^{-1}(y)\,dy$$

$$=\int_0^\pi \underbrace{f^{-1}(f(x))}_{x}\frac{dy}{dx}\,dx=\int_0^\pi xf'(x)\,dx$$

◀ $f^{-1}(f(x))=x$ を利用します！

$$=\Big[xf(x)\Big]_0^\pi-\int_0^\pi f(x)\,dx \quad\cdots\cdots①$$

◀ ＼ちょっと／ 一言 を参照！

$$=\pi^2-\left[-2\sqrt{2}\,\pi\cos\left(\frac{x}{3}+\frac{\pi}{6}\right)+\frac{(3-2\sqrt{2})\pi}{3}x\right]_0^\pi$$

$$=\frac{2\sqrt{2}}{3}\pi^2-\sqrt{6}\,\pi$$

＼ちょっと／
一言

逆関数 $f^{-1}(y)$ は $f(x)$ を y の方向から見たものです。したがって，定積分 $\displaystyle\int_{f(0)}^{f(\pi)}f^{-1}(y)\,dy$ は，図の斜線部分の面積になるのがわかります。

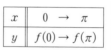

その面積は

$$\underset{\text{正方形}}{\underline{\pi f(\pi)}}-\int_0^\pi f(x)\,dx$$

であり，①と一致します。このように図形をイメージして問題を解くとよいものもあります。

◀ 逆関数というと，x と y を入れ替えるイメージが強いかもしれませんが，これは単に $y=x$ に関して折り返して，x の方向から見られるようにしているだけです。逆関数の本質は，y の方向から見ているところです。

テーマ 24 | パラメータ曲線

24 アプローチ

　パラメータ t で表された曲線 $x=f(t)$, $y=g(t)$ の概形をかくには

❶ t を消去して，$y=F(x)$ のグラフを調べる。

❷ t を介して x, y の動きを調べる。

の方法がありますが，今回は **❷** の方法でパラメータ曲線を追跡しましょう。

　また，この曲線が x 軸と囲む面積については，置換積分で t の積分に帰着しましょう。

◀ どちらがよいかは問題によります。

◀ パラメータ曲線のかき方については
重要ポイント 総整理！
を参照！

解答

$$\frac{dx}{dt}=2t, \quad \frac{dy}{dt}=2t+1$$

さらに，
$y=(t+2)(t-1)=0$ のとき
　　$t=-2$, 1
　このとき，それぞれ
　　$(x, y)=(5, 0)$,
　　　　　　$(2, 0)$
以上から，曲線の概形は
下の図のようになる。

t	$\cdots$	$-\dfrac{1}{2}$	$\cdots$	0	$\cdots$
$\dfrac{dx}{dt}$	$-$	$-$	$-$	0	$+$
$\dfrac{dy}{dt}$	$-$	0	$+$	$+$	$+$
$\begin{pmatrix}x\\y\end{pmatrix}$	$\swarrow$	$\begin{pmatrix}\dfrac{5}{4}\\-\dfrac{9}{4}\end{pmatrix}$	$\nwarrow$	$\begin{pmatrix}1\\-2\end{pmatrix}$	$\nearrow$

◀ 今回は，横に切って y の積分にしました。この場合，混乱しないように黒の部分を x_1，青の部分を x_2 とおき，式を立てます。

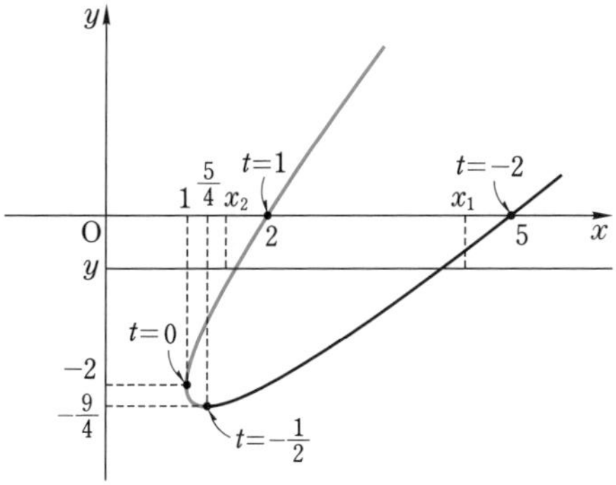

$x=x_1 \left(t\leqq-\dfrac{1}{2}\right)$, $x=x_2 \left(t\geqq-\dfrac{1}{2}\right)$ と表すと，求める面積は

$$\int_{-\frac{9}{4}}^{0} x_1\,dy-\int_{-\frac{9}{4}}^{0} x_2\,dy$$

$$=\int_{-\frac{1}{2}}^{-2} x_1 \frac{dy}{dt}\,dt - \int_{-\frac{1}{2}}^{1} x_2 \frac{dy}{dt}\,dt$$

$$=\int_{1}^{-2} x\frac{dy}{dt}\,dt \quad\cdots\cdots(*)\quad [\text{まとめることができる}]$$

◀ この置換積分に関しては \ちょっと/ 一言 を参照！

$$=\int_{1}^{-2} (t^2+1)(2t+1)\,dt$$

$$=\int_{1}^{-2} (2t^3+t^2+2t+1)\,dt$$

$$=\left[\frac{1}{2}t^4+\frac{1}{3}t^3+t^2+t\right]_{1}^{-2}=\frac{9}{2}$$

\ちょっと/ 一言

本問では，x を y で表すのではなく

$$\int x\,dy=\int x\frac{dy}{dt}\,dt$$

として t の積分に帰着させています。同様に

s で積分したければ $\qquad \int x\,dy=\int x\frac{dy}{ds}\,ds$

u で積分したければ $\qquad \int x\,dy=\int x\frac{dy}{du}\,du$

のように変数変換できるというイメージを持っておきましょう。

また，パラメータ曲線の積分では，うねうねしていて場合分けが多い場合でも，原則 1 つの積分にまとまりますが

$$(*)=\int_{1}^{-2} x\frac{dy}{dt}\,dt=\int_{-2}^{1} x\left(-\frac{dy}{dt}\right)dt$$

において，曲線の動きから

$-2\leqq t\leqq -\frac{1}{2}$ では，y が減少するので，$\frac{dy}{dt}<0$ から

$\quad x\left(-\dfrac{dy}{dt}\right)>0$ となり積分値は正

$-\frac{1}{2}\leqq t\leqq 1$ では，y が増加するので，$\frac{dy}{dt}>0$ から

$\quad x\left(-\dfrac{dy}{dt}\right)<0$ となり積分値は負

でカウントされ，うまく面積を表しています。

◀ もちろん，x を y で表して処理するとよいものもあります。

◀ 分数のように扱って，計算しやすい変数にもっていきましょう。

◀ 本問では $x>0$ に注意！

◀ もっと複雑で場合分けが多い場合でも，落ち着いて立式して変数変換をすれば大抵まとまります。

重要ポイント 総整理！《パラメータ曲線のかき方》

パラメータ t で表された曲線 $x=f(t)$，$y=g(t)$ の概形をかくには，$x=f(t)$，$y=g(t)$ のそれぞれを t で微分して

$$\frac{dx}{dt}>0 \text{ なら } x \text{ は増加（右），} \quad \frac{dx}{dt}<0 \text{ なら } x \text{ は減少（左）}$$

$$\frac{dy}{dt}>0 \text{ なら } y \text{ は増加（上），} \quad \frac{dy}{dt}<0 \text{ なら } y \text{ は減少（下）}$$

が基本で，例えば

$$\frac{dx}{dt}>0, \ \frac{dy}{dt}<0 \text{ なら，}(x, y) \text{ は右下へ動く}$$

$$\frac{dx}{dt}<0, \ \frac{dy}{dt}>0 \text{ なら，}(x, y) \text{ は左上へ動く}$$

という感じです。$\dfrac{dx}{dt}=0$ または $\dfrac{dy}{dt}=0$ になる点をチェックして，点をつないでいきます。

この際，接線の傾きは $\dfrac{dy}{dx}=\dfrac{\dfrac{dy}{dt}}{\dfrac{dx}{dt}}$ ですから

$$\frac{dx}{dt}\neq0, \ \frac{dy}{dt}=0 \text{ なら}$$

◀ y 方向の動きがなくなるので，接線が x 軸に平行になります。

$$\frac{dx}{dt}=0, \ \frac{dy}{dt}\neq0 \text{ なら}$$

◀ x 方向の動きがなくなるので，接線が y 軸に平行になります。
$\dfrac{dx}{dt}=\dfrac{dy}{dt}=0$ のときは
$\dfrac{dy}{dx}$ の極限を調べます！

となることをイメージしましょう。

また，必要に応じて，区間の端点での $\dfrac{dy}{dx}$ や $\displaystyle\lim_{t\to\pm\infty}\dfrac{dy}{dx}$ を調べるとかなりいい感じのグラフがかけます。次の例題で練習してみましょう。

◀ $\dfrac{d^2y}{dx^2}$ を計算すれば凹凸も調べられます。凹凸を問われたら調べましょう。

曲線 $x=\sin t$，$y=\sin 2t$（$0\leqq t\leqq\pi$）のグラフの概形をかけ。

解答 $\dfrac{dx}{dt}=\cos t$，$\dfrac{dy}{dt}=2\cos 2t$

$\dfrac{dx}{dt}=0$ となるとき，$t=\dfrac{\pi}{2}$

$\dfrac{dy}{dt}=0$ となるとき，$2t=\dfrac{\pi}{2}, \ \dfrac{3}{2}\pi$ $\quad\therefore\quad t=\dfrac{\pi}{4}, \ \dfrac{3}{4}\pi$

$t=0, \ \dfrac{\pi}{4}, \ \dfrac{\pi}{2}, \ \dfrac{3}{4}\pi, \ \pi$ のときの (x, y) を調べることにより，

増減表は次のようになる。

◀ t を消去すると，
$0\leqq t\leqq\dfrac{\pi}{2}$ のとき，
$\cos t=\sqrt{1-x^2}$ より
$y=2\sin t\cos t$
$\quad=2x\sqrt{1-x^2}$（$0\leqq x\leqq1$）
$\dfrac{\pi}{2}\leqq t\leqq\pi$ のとき
$\cos t=-\sqrt{1-x^2}$ より
$y=-2x\sqrt{1-x^2}$
$\quad\quad\quad\quad（0\leqq x\leqq1）$
となります。このグラフを考えてもよいです。

t	0	$\cdots$	$\dfrac{\pi}{4}$	$\cdots$	$\dfrac{\pi}{2}$	$\cdots$	$\dfrac{3}{4}\pi$	$\cdots$	π
$\dfrac{dx}{dt}$		$+$	$+$	$+$	0	$-$	$-$	$-$	
$\dfrac{dy}{dt}$		$+$	0	$-$	$-$	$-$	0	$+$	
$\begin{pmatrix} x \\ y \end{pmatrix}$	$\begin{pmatrix} 0 \\ 0 \end{pmatrix}$	$\nearrow$	$\begin{pmatrix} \dfrac{1}{\sqrt{2}} \\ 1 \end{pmatrix}$	$\searrow$	$\begin{pmatrix} 1 \\ 0 \end{pmatrix}$	$\swarrow$	$\begin{pmatrix} \dfrac{1}{\sqrt{2}} \\ -1 \end{pmatrix}$	$\nwarrow$	$\begin{pmatrix} 0 \\ 0 \end{pmatrix}$

さらに，$\dfrac{dy}{dx}=\dfrac{\dfrac{dy}{dt}}{\dfrac{dx}{dt}}=\dfrac{2\cos 2t}{\cos t}\ \left(t\neq\dfrac{\pi}{2}\right)$

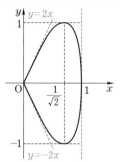

$t=\dfrac{\pi}{4},\ \dfrac{3}{4}\pi$ のとき，$\dfrac{dy}{dx}=0$

$\displaystyle\lim_{t\to\frac{\pi}{2}-0}\dfrac{dy}{dx}=-\infty,\ \ \lim_{t\to\frac{\pi}{2}+0}\dfrac{dy}{dx}=\infty$

$\displaystyle\lim_{t\to+0}\dfrac{dy}{dx}=2,\ \ \lim_{t\to\pi-0}\dfrac{dy}{dx}=-2$

より，グラフの概形は右の図のようになる。

◀ 端点 $t\to+0$，$t\to\pi-0$ を調べることにより，原点で $y=2x$，$y=-2x$ に接するグラフとなることがわかり，より正確な図がかけます。

\ ちょっと / 一言

24 の問題では，面積を求めるのが主題なので，ここまでガッツリ調べる必要はありません。解答ぐらいの記述で x 軸とで囲まれる部分がわかる程度で十分です。

ちなみに，$x=t^2+1$，$y=t^2+t-2$ のグラフはそれぞれ

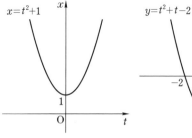

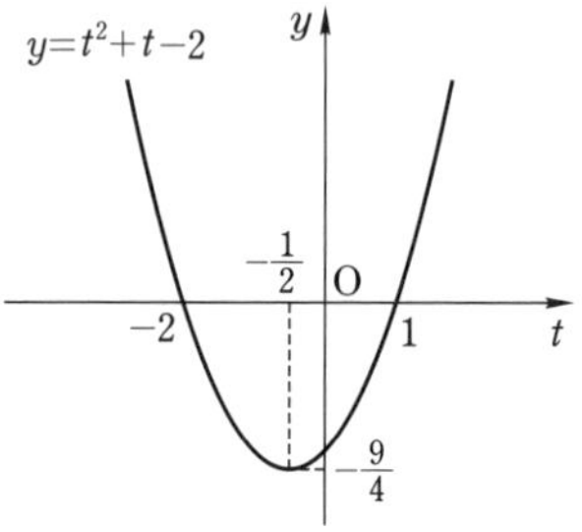

◀ グラフをかけと言われたらしっかり調べますが，求められていないことまでやる必要はないですよ。必要最小限で。

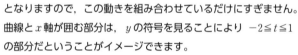

となりますので，この動きを組み合わせているだけにすぎません。曲線と x 軸が囲む部分は，y の符号を見ることにより $-2\leqq t\leqq 1$ の部分だということがイメージできます。

| 立体の体積（非回転体）

25 アプローチ

　立体の体積を求めるには，まず，ある軸 t に垂直な平面で切った切り口を考えます。この面積を $S(t)$ とするとき，これに t 方向の厚み dt をつけた微小体積 $S(t)dt$ を a から b まで足し集めたもの

$$V = \int_a^b S(t)\,dt$$

が体積となります。

　ですから，立体の体積では

　　切り口の面積

が非常に重要になります。

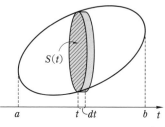

　本問では，下の図のように座標を考えると，円柱の高さが $\dfrac{1}{\sqrt{2}}$

であるので，立体を平面 $x=t$ で切った切り口が，直角二等辺三角形になるときと台形になるときに場合分けする必要があります。

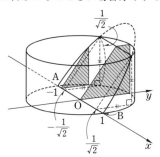

◀ スライスハムを足し集めるとブロックハム！

◀ $\int$ は sum（和）の頭文字 s から来ています。積分は微小なものを足し集めるイメージです。

◀ 立体の切り口がどのようになるかしっかり把握しましょう。

解答

(1) 右の図のように座標を考えると，立体を平面 $x=t$ で切った切り口の面積が $S(t)$ である。

(i) $0 \leqq t \leqq \dfrac{1}{\sqrt{2}}$ のとき，

切り口は下の図のような台形で

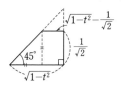

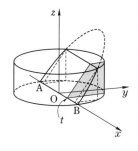

$$S(t)=\frac{1}{2}\left\{\sqrt{1-t^2}+\left(\sqrt{1-t^2}-\frac{1}{\sqrt{2}}\right)\right\}\cdot\frac{1}{\sqrt{2}}$$

$$=\frac{1}{\sqrt{2}}\sqrt{1-t^2}-\frac{1}{4}$$

(ii) $\dfrac{1}{\sqrt{2}}\leqq t\leqq1$ のとき,

切り口は下の図のような三角形で

$$S(t)=\frac{1}{2}(1-t^2)$$

(2) yz 平面に関する対称性から

$$\frac{(V\text{ の体積})}{2}=\int_0^{\frac{1}{\sqrt{2}}}\left(\frac{1}{\sqrt{2}}\sqrt{1-t^2}-\frac{1}{4}\right)dt+\int_{\frac{1}{\sqrt{2}}}^1\frac{1}{2}(1-t^2)\,dt$$

◀ この積分計算については ちょっと 一言 を参照!

$$=\frac{1}{\sqrt{2}}\left\{\frac{1}{2}\cdot1^2\cdot\frac{\pi}{4}+\frac{1}{2}\left(\frac{1}{\sqrt{2}}\right)^2\right\}$$

$$-\frac{1}{4\sqrt{2}}+\frac{1}{2}\left[t-\frac{t^3}{3}\right]_{\frac{1}{\sqrt{2}}}^1$$

$$=\frac{\sqrt{2}}{16}\pi+\frac{1}{3}-\frac{5\sqrt{2}}{24}$$

$$\therefore\quad(V\text{ の体積})=\frac{\sqrt{2}}{8}\pi+\frac{2}{3}-\frac{5\sqrt{2}}{12}$$

＼ちょっと／ 一言

$\displaystyle\int_0^{\frac{1}{\sqrt{2}}}\sqrt{1-t^2}\,dt$ は, 半径 1 の円の面積の一部です。

◀ $\sqrt{a^2-x^2}$ の積分は円の面積に帰着しましょう。

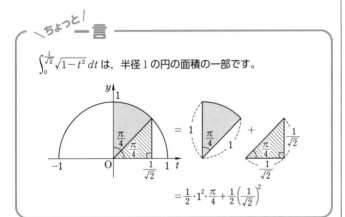

$$=\frac{1}{2}\cdot1^2\cdot\frac{\pi}{4}+\frac{1}{2}\left(\frac{1}{\sqrt{2}}\right)^2$$

重要ポイント 総整理！《不等式で表された立体の体積》

次の問題は2円柱の共通部分の体積を求める問題ですが，共通部分がどうなるかは想像しづらいですね。

---

xyz 空間で，x 軸を中心とする円柱の内部 $T_1 : y^2 + z^2 \leq 1$ と，y 軸を中心とする円柱の内部 $T_2 : x^2 + z^2 \leq 1$ の共通部分を S とする。

(1) xy 平面に平行な平面 $z = t$ $(-1 \leq t \leq 1)$ による S の切り口はどのような図形か。

(2) S の体積 V を求めよ。 (九州大)

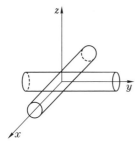

立体の体積を求める際には，立体の正確な形よりも

立体の切り口がポイント

になります。「まず切れ！」 が合言葉です。

この問題では，誘導にしたがって，立体を平面 $z = t$ で切りますので，与えられた不等式に $z = t$ を代入すればよいのですが，その際にできる立体の切り口のイメージは次のようなものです。まず平面 $z = t$ が透明なプラスチック板だと思い，z 軸の正の方向から見ます。そうすると x 軸，y 軸が板の上に浮き出てきますね。そこに切り口の図形を描く感じです。

◀ 本問では，立体の全体像はわからなくてもいいです。ポイントは切り口です！

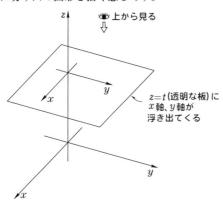

$z = t$（透明な板）に
x 軸，y 軸が
浮き出てくる

解答 (1) S を平面 $z=t$ $(-1 \leqq t \leqq 1)$ で切った切り口は

$$\begin{cases} y^2+t^2 \leqq 1 \\ x^2+t^2 \leqq 1 \end{cases}$$

$$\therefore \quad \begin{cases} y^2 \leqq 1-t^2 \\ x^2 \leqq 1-t^2 \end{cases}$$

$$\therefore \quad \begin{cases} -\sqrt{1-t^2} \leqq y \leqq \sqrt{1-t^2} \\ -\sqrt{1-t^2} \leqq x \leqq \sqrt{1-t^2} \end{cases}$$

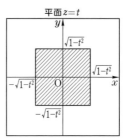

よって，断面は右の図のような

1辺の長さが $2\sqrt{1-t^2}$ の正方形である。

(2) (1)の正方形の面積 $S_z(t)$ は

$$S_z(t)=2\sqrt{1-t^2} \times 2\sqrt{1-t^2}=4(1-t^2)$$

よって

$$V=\int_{-1}^{1} S_z(t)\,dt=\int_{-1}^{1} 4(1-t^2)\,dt$$

$$=8\int_{0}^{1}(1-t^2)\,dt$$

$$=8\left[t-\frac{1}{3}t^3\right]_0^1=\frac{16}{3}$$

＼ちょっと/
一言

　立体を不等式で表せれば，体積を求めるのは意外に簡単です。
単純な立体は不等式で表してしまいましょう。

　また，今回は平面 $z=t$ で切る指定がありましたが，例えば立
体を平面 $y=t$ で切ると

$$t^2+z^2 \leqq 1 \text{ かつ } x^2+z^2 \leqq 1$$

$$\therefore \quad x^2+z^2 \leqq 1 \text{ かつ } -\sqrt{1-t^2} \leqq z \leqq \sqrt{1-t^2}$$

となり，円の一部となり計算しづらくなります。

　切り口の指定がない場合は，$x=t$，$y=t$，$z=t$ のうち一番切
り口がシンプルになるもので切りましょう。

◀ 立体の切り口は，$z=t$ を不等式に代入して，それを描くだけです。今回は正方形になっています。これらが重なり合って立体が形成されます。

◀ 今回は2つの式の両方に含まれる $z=t$ で切ると一番切り口がシンプルになります。

◀ これで計算する場合は，$t=\cos\theta$ とおく必要があります。

テーマ 26 | 立体の体積 (回転体(1))

26 アプローチ

回転体の体積は

回転軸に垂直な切り口を考える

のが原則で，その切り口に厚みをつけて加えていきます。

曲線 $y=f(x)$ と直線
$x=a,\ x=b$ で囲まれた
図形を x 軸の周りに1回
転してできる回転体の体
積 V は

$$V=\pi\int_a^b y^2\,dx$$

となります。

▼ $y=f(x)$ を回転軸 x に垂直に切ると点，これを x 軸の周りに回すと円となるので，円が切り口となります。

切り口は半径 y の円より
微小体積 $\pi y^2 dx$
これを a から b まで
足しあわせる

(1)では，実質的にどの
部分を回した体積になる
かを知るために

グラフをすべて x 軸の上側に集める！

のがポイントになります。

(2)の y 軸周りの回転体では，y 軸に垂直な断面を考えます。

$y=\sin x$ の $\dfrac{\pi}{2}\leqq x\leqq\pi$ の部分の x 座標を x_1，$0\leqq x\leqq\dfrac{\pi}{2}$ の部分の x 座標を x_2 とおくと，切り口は下の図のような円環となります。

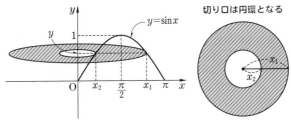

切り口は円環となる

これより，求める体積は

$$\pi\int_0^1 x_1{}^2\,dy-\pi\int_0^1 x_2{}^2\,dy$$

となりますが，x を y の式で表すことはできません。こんなときは置換積分の出番です。

▼ (外回り)ー(内回り)です。

▼ x が y で表せるときは，x を y で表し，y の積分にもっていきます。

解答 ···

(1) $y=\sin x\ (0\leqq x\leqq 2\pi)$ を x 軸の負の方向に $\dfrac{\pi}{3}$ 平行移動した

グラフは $y=\sin\left(x+\dfrac{\pi}{3}\right)$ である。これらが囲む部分を x 軸の

上側にすべて折り返したものは，右下の図の色をぬった部分と

なる。

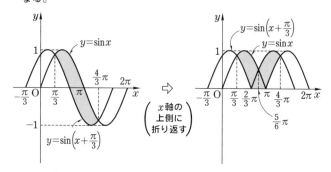

$x=\dfrac{5}{6}\pi$ に関する対称性から，求める体積は

$$2\left\{\pi\int_{\frac{\pi}{3}}^{\frac{5}{6}\pi}\sin^2x\,dx-\pi\int_{\frac{\pi}{3}}^{\frac{2}{3}\pi}\sin^2\left(x+\frac{\pi}{3}\right)dx\right\}$$

$$=\pi\left[\int_{\frac{\pi}{3}}^{\frac{5}{6}\pi}(1-\cos 2x)\,dx-\int_{\frac{\pi}{3}}^{\frac{2}{3}\pi}\left\{1-\cos 2\left(x+\frac{\pi}{3}\right)\right\}dx\right]$$

$$=\pi\left\{\left[x-\frac{\sin 2x}{2}\right]_{\frac{\pi}{3}}^{\frac{5}{6}\pi}-\left[x-\frac{1}{2}\sin 2\left(x+\frac{\pi}{3}\right)\right]_{\frac{\pi}{3}}^{\frac{2}{3}\pi}\right\}$$

$$=\pi\left\{\left(\frac{\pi}{2}+\frac{\sqrt{3}}{2}\right)-\left(\frac{\pi}{3}-\frac{\sqrt{3}}{4}\right)\right\}=\left(\frac{\pi}{6}+\frac{3\sqrt{3}}{4}\right)\pi$$

◀ $y=\sin x$ の $\dfrac{\pi}{3}$ から $\dfrac{5}{6}\pi$ の部分を回転したものから，$y=\sin\left(x+\dfrac{\pi}{3}\right)$ の $\dfrac{\pi}{3}$ から $\dfrac{2}{3}\pi$ の部分を回転したものを引いたものが求める体積の半分になります。

(2) $y=\sin x$ の $\dfrac{\pi}{2}\leqq x\leqq\pi$ の部分の x 座標を x_1，$0\leqq x\leqq\dfrac{\pi}{2}$ の

部分の x 座標を x_2 とおくと，求める体積は

◀ 混乱を避けるために，便宜上外側の x を x_1，内側の x を x_2 とおいて考えます。

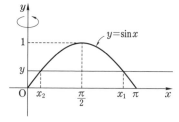

$$\pi\int_0^1 x_1{}^2\,dy-\pi\int_0^1 x_2{}^2\,dy$$

$$=\pi\int_\pi^{\frac{\pi}{2}} x_1{}^2\frac{dy}{dx}\,dx-\pi\int_0^{\frac{\pi}{2}} x_2{}^2\frac{dy}{dx}\,dx\quad[y=\sin x\ \text{と置換}]$$

◀ x を y で表せないので，x の積分にもっていきます。

$$=\pi\int_\pi^0 x^2\frac{dy}{dx}\,dx \quad\cdots\cdots(*)$$

◀ 1つにまとまります。

$$=\pi\int_\pi^0 x^2\cos x\,dx$$

$$=\pi\Big[\underset{-2x\sin x}{x^2\sin x}+\underset{-2\cos x}{2x\cos x}-2\sin x\Big]_\pi^0=2\pi^2$$

◀ 部分積分です。

ちょっと 一言 〈別解研究〉

いくつか別解を研究してみます。

① 〈バームクーヘン分割〉

x でタテに切って厚み dx をつけたものを y 軸の周りに回すと，バームクーヘンの皮ができる。これを開くと，下の図のようなイメージになるので

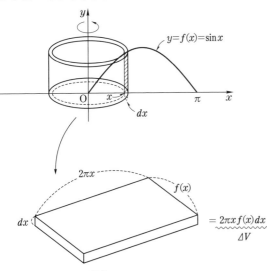

◀ この方法は，回転軸と平行に切って，バームクーヘンの皮を足し集めていく方法で，普通にやると場合分けが煩雑な場合に威力を発揮します。これを使わないと厳しい問題は最近多くありませんが，念のため解説しておきます。

◀ 本書では，x 軸周りと y 軸周りの回転体について紹介しました。他に，直線 $y=x$ の周りの回転体（斜回転）が出題されることもあります。こちらも研究しておくとよいでしょう。

これを $0\sim\pi$ まで加えて

$$V=\int_0^\pi 2\pi x f(x)\,dx=\int_0^\pi 2\pi x\sin x\,dx$$

$$=2\pi\Big[x(-\cos x)+\sin x\Big]_0^\pi=2\pi^2$$

ともできます。

ちなみに，$(*)$ で 1 回部分積分をすると

$$\pi\int_\pi^0 x^2\frac{dy}{dx}\,dx=\pi\left\{\Big[x^2 y\Big]_\pi^0-\int_\pi^0 2xy\,dx\right\}$$

$$=\int_0^\pi 2\pi xy\,dx$$

となり，バームクーヘン分割で作った式に一致します。

❷ 〈対称性の利用〉

$y = \sin x$ は $x = \dfrac{\pi}{2}$ に関して対称だから，求める体積は

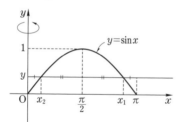

$$\pi \int_0^1 (x_1{}^2 - x_2{}^2)\, dy$$

$$= \pi \int_0^1 \underbrace{(x_1 + x_2)}_{\pi}(x_1 - x_2)\, dy$$

$$= \pi^2 \underbrace{\int_0^1 (x_1 - x_2)\, dy}_{y = \sin x \text{ と } x \text{軸が囲む部分の面積}}$$

$$= \pi^2 \int_0^\pi \sin x\, dx = 2\pi^2$$

　この考え方は，対称性をもつ図形の回転体の体積で威力を発揮します。

❸ 〈パップス-ギュルダンの定理〉

　一般に，「ある図形 S が，これと交わらない直線の周りに回転してできる立体の体積は，(Sの面積)×(Sの重心が直線の周りを1周してできる円周の長さ) の値と等しい」が成り立ちます。この定理を利用すると，サインの山1つの面積が 2，重心は $x = \dfrac{\pi}{2}$ 上にあるから，その体積は $2 \times 2\pi \cdot \dfrac{\pi}{2} = 2\pi^2$ となることが確認できます。

◀ 対称性から，$x_1 + x_2 = \pi$ となることを利用すると，面積の問題となります。

◀ 因数分解します。

◀ サインの山1つの面積は 2 です。

◀ もちろん，これはおまけです。

テーマ 27 立体の体積（回転体(2)）

(1) まずは，立体を把握します。

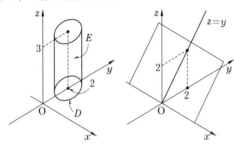

◀ 立体を式で表せるときは，
断面は簡単にわかります。
表せないときは，幾何的
に考える必要があります。

円 D は $x^2+(y-2)^2\leqq1$ かつ $z=0$ なので，立体 E は

$$x^2+(y-2)^2\leqq1 \quad かつ \quad 0\leqq z\leqq3$$

また，点 $(0,2,2)$ と x 軸を含む平
面は $z=y$ なので，立体 T を式で表
すと

$$x^2+(y-2)^2\leqq1 \quad かつ \quad 0\leqq z\leqq3$$
$$かつ \quad z\leqq y$$

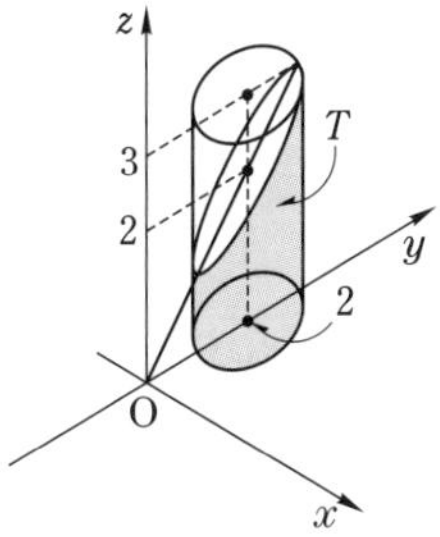

◀ 左の図の立体を平面
$x=t$ で切ったものが断
面になるので，台形です。

と表せます。立式できれば，
平面 $x=t$ で切った立体 T の断面は簡単に表せます。

◀ 不等式に $x=t$ を代入
するだけです。

(2) 回転体の体積では，回転軸に垂直な平面で切った断面が重要
になりますが，その際，回転してから切るのではなく，切って
から回転して断面を求めるのがポイントとなります。したがっ
て，回転体の平面 $x=t$ による断面は，(1)で求めた断面（台形）
を x 軸の周りに回転したものになります。

　右の図で，$O'(t,0,0)$ からの距離
が最も遠い点が Q，最も近い点が H
となるので，回転体の断面は円環と
なり，その面積は

$$\pi(O'Q^2-O'H^2)$$

となります。

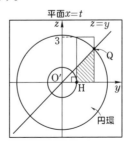

◀ 最も遠い点が外側を回り，
最も近い点が内側を回る
ので，その間を通過し，
断面は円環になります。

解答

(1) 立体 T は
$$x^2+(y-2)^2\leqq1 \quad かつ \quad 0\leqq z\leqq3 \quad かつ \quad z\leqq y$$
と表せるので，これを平面 $x=t$ $(-1\leqq t\leqq1)$ で切った断面は
$$t^2+(y-2)^2\leqq1 \quad かつ \quad 0\leqq z\leqq3$$
$$かつ \quad z\leqq y$$

$\therefore \quad z\leqq y \quad かつ \quad 0\leqq z\leqq3$
$$かつ$$
$$2-\sqrt{1-t^2}\leqq y\leqq2+\sqrt{1-t^2}$$

より，右の図のような台形になる。
よって

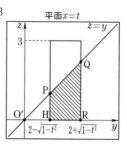

◀ これが断面です。

$$S(t)=\frac{1}{2}\{(2-\sqrt{1-t^2})+(2+\sqrt{1-t^2})\}\cdot2\sqrt{1-t^2}$$
$$=4\sqrt{1-t^2}$$

(2) 回転体を平面 $x=t$ $(-1\leqq t\leqq1)$ で切った断面は，上の図の台形を x 軸の周りに回転した円環となり，その断面積は上の図の O′, H, P, Q, R に対して

◀ まず切ります！
(1)はヒントです！

$$\pi(\text{O′Q}^2-\text{O′H}^2)=\pi\{(\sqrt{2}\,\text{O′R})^2-\text{O′H}^2\}$$

◀ O′Q$=\sqrt{2}$ O′R を利用しました。

$$=\pi\{2(2+\sqrt{1-t^2})^2-(2-\sqrt{1-t^2})^2\}$$
$$=\pi(5-t^2+12\sqrt{1-t^2})$$

よって，求める体積は
$$\pi\int_{-1}^{1}(5-t^2+12\sqrt{1-t^2})\,dt$$
$$=2\pi\int_{0}^{1}(5-t^2)\,dt+12\pi\int_{-1}^{1}\sqrt{1-t^2}\,dt$$

◀ $\int_{-1}^{1}\sqrt{1-t^2}\,dt$ は半径 1 の半円の面積です。

$$=2\pi\left[5t-\frac{t^3}{3}\right]_{0}^{1}+12\pi\cdot\frac{\pi}{2}=\frac{28}{3}\pi+6\pi^2$$

重要ポイント 総整理！

回転体の体積にはいろいろなタイプの問題がありますが，その中で代表的なものを紹介します。

①《線分を回す》

線分を平面で切ると，切り口は点です。点を回すと立体の断面は円になります。

空間において，A(1, 0, 0)，B(0, 1, 1) を結んだ線分 AB を z 軸の周りに1回転したときに，通過する図形と平面 $z=0$，$z=1$ で囲まれる図形の体積を求めよ。

解答 線分 AB と平面 $z=t$
$(0 \leq t \leq 1)$ の交点をPとすると，P
は線分 AB を $t:1-t$ に内分する
ので

$$\overrightarrow{OP}=(1-t)\overrightarrow{OA}+t\overrightarrow{OB}$$
$$=(1-t,\ t,\ t)$$

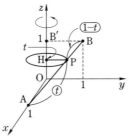

H$(0,\ 0,\ t)$ とおくと，回転体の平
面 $z=t$ による切り口は円で，その
面積を $S(t)$ とすると

$$S(t)=\pi\mathrm{PH}^2=\pi\{(1-t)^2+t^2\}$$

よって，求める体積は

$$\int_0^1 S(t)\,dt$$
$$=\pi\left[\frac{1}{3}(t-1)^3+\frac{t^3}{3}\right]_0^1=\frac{2}{3}\pi$$

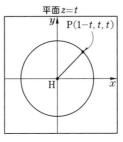

平面 $z=t$

◀ Pを求める際には，左の
図において
$\mathrm{OH:HB'=AP:PB}$
を利用しました。直線の
ベクトル方程式
$\overrightarrow{OP}=\overrightarrow{OA}+s\overrightarrow{AB}$ におい
て，$z=t$ として $s=t$
とすることもできます。

②《板を回す》

板を平面で切ると切り口は線分です。線分を回すと立体の断面
は円環になります。

空間において，A$(1,\ 0,\ 0)$，B$(0,\ 1,\ 0)$，C$(0,\ 0,\ 1)$ を頂点とする $\triangle$ABC を z 軸の
周りに1回転したときに，通過する図形の体積を求めよ。

解答 $\triangle$ABC を平面 $z=t$
$(0 \leq t \leq 1)$ で切ると，切り口は図の
線分 PQ であり，H$(0,\ 0,\ t)$ とする
と，HP$=$HQ$=$CH$=1-t$ である。

したがって，回転体の平面 $z=t$
$(0 \leq t \leq 1)$ による切り口は円環であ
り，その面積を $S(t)$，線分 PQ の中
点を M とすると

$$S(t)=\pi(\mathrm{HP}^2-\mathrm{HM}^2)$$
$$=\pi\mathrm{MP}^2=\pi\left(\frac{1-t}{\sqrt{2}}\right)^2$$

よって，求める体積は

$$\int_0^1 S(t)\,dt=\frac{\pi}{2}\int_0^1(1-t)^2\,dt$$
$$=\frac{\pi}{2}\left[\frac{1}{3}(t-1)^3\right]_0^1=\frac{\pi}{6}$$

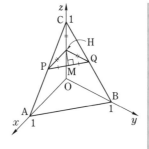

平面 $z=t$

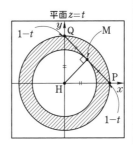

◀ 断面は左の図の円環にな
ります。z 軸から最も遠
い点は P(Q)，線分 PQ
上の点のうち，最も近い
点は線分 PQ の中点 M
です。

テーマ **28** 曲線の長さ

28 アプローチ

内サイクロイドとその長さの問題です。

(1) 半径 r, 中心角 θ の扇形の円弧の長さは $r\theta$ です。2つの円で円が転がった長さが同じことから，∠PQR を求めましょう。

(2) 原点中心，半径 r の円周上にあり，x 軸の正の方向から反時計回りに θ だけ回転した点 $(x,\ y)$ は
$$(x,\ y)=r(\cos\theta,\ \sin\theta)$$
と表せます。中心角に注意して $\overrightarrow{QP}$ を表しましょう。

(3) ベクトルをつないで点Pの座標を θ で表しましょう。

(4) 曲線の長さの公式を利用しましょう。

◀ サイクロイド系の軌跡を求める際には，ベクトルをつなぐのが鉄則です！

◀ 曲線の長さの公式については 重要ポイント **総整理!** を参照！

◀ 円 C_2 はAからRまで転がります。転がった長さは AR です。

解答

(1) A(1, 0), ∠AOR$=\theta$, ∠PQR$=\alpha$ とおくと，円 C_1, C_2 の半径がそれぞれ，1, $\dfrac{1}{4}$ であるから

$$\overparen{AR}=\overparen{PR} \iff \theta=\frac{1}{4}\alpha$$

∴ $\alpha=4\theta$

(2) (1)から，$\overrightarrow{QP}$ と x 軸の正の方向とのなす角は -3θ であるから

$$\overrightarrow{QP}=\frac{1}{4}(\cos(-3\theta),\ \sin(-3\theta))=\frac{1}{4}(\cos3\theta,\ -\sin3\theta)$$

(3) (2)から

$$\overrightarrow{OP}=\overrightarrow{OQ}+\overrightarrow{QP}$$
$$=\frac{3}{4}(\cos\theta,\ \sin\theta)+\frac{1}{4}(\cos3\theta,\ -\sin3\theta)$$

よって

$$X=\frac{3}{4}\cos\theta+\frac{1}{4}\cos3\theta$$
$$Y=\frac{3}{4}\sin\theta-\frac{1}{4}\sin3\theta$$

◀ ベクトルをつなぎましょう。

(4) $\dfrac{dX}{d\theta}=-\dfrac{3}{4}\sin\theta-\dfrac{3}{4}\sin 3\theta,\ \ \dfrac{dY}{d\theta}=\dfrac{3}{4}\cos\theta-\dfrac{3}{4}\cos 3\theta$

より

$$\left(\dfrac{dX}{d\theta}\right)^2+\left(\dfrac{dY}{d\theta}\right)^2$$

$$=\dfrac{9}{16}(\sin\theta+\sin 3\theta)^2+\dfrac{9}{16}(\cos\theta-\cos 3\theta)^2$$

◀ 曲線の長さの公式を利用しましょう。

$$=\dfrac{9}{16}\{(\underbrace{\sin^2\theta+\cos^2\theta}_{1})-2(\underbrace{\cos 3\theta\cos\theta-\sin 3\theta\sin\theta}_{\cos(3\theta+\theta)})$$

$$+(\underbrace{\sin^2 3\theta+\cos^2 3\theta}_{1})\}$$

◀ 加法定理の逆でまとめます。

$$=\dfrac{9}{16}\cdot 2(1-\cos 4\theta)=\dfrac{9}{4}\sin^2 2\theta$$

したがって，曲線の長さは

$$\int_0^{\frac{\pi}{4}}\sqrt{\left(\dfrac{dX}{d\theta}\right)^2+\left(\dfrac{dY}{d\theta}\right)^2}\,d\theta$$

◀ 半角の公式
$1-\cos\theta=2\sin^2\dfrac{\theta}{2}$ や
$1+\cos\theta=2\cos^2\dfrac{\theta}{2}$
はルートを外すためによく使います。

$$=\int_0^{\frac{\pi}{4}}\sqrt{\left(\dfrac{3}{2}\sin 2\theta\right)^2}\,d\theta$$

$$=\int_0^{\frac{\pi}{4}}\left|\dfrac{3}{2}\sin 2\theta\right|\,d\theta$$

◀ ルートを外す際には，$\sqrt{a^2}=|a|$ に注意！

$$=\int_0^{\frac{\pi}{4}}\dfrac{3}{2}\sin 2\theta\,d\theta$$

$$=\left[-\dfrac{3}{4}\cos 2\theta\right]_0^{\frac{\pi}{4}}=\dfrac{3}{4}$$

重要ポイント 総整理！《曲線の長さの公式》

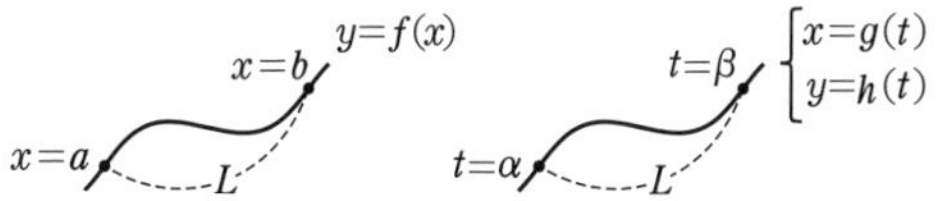

曲線 $y=f(x)$ の $a\leqq x\leqq b$ の部分の長さ，および

曲線 $\begin{cases}x=g(t)\\y=h(t)\end{cases}$ $(\alpha\leqq t\leqq\beta)$ の長さは，下の図の P$(x,\ y)$,

Q$(x+dx,\ y+dy)$ に対して，微小の長さ

$$dL\fallingdotseq \mathrm{PQ}=\sqrt{(dx)^2+(dy)^2}$$

$$=\sqrt{1+\left(\dfrac{dy}{dx}\right)^2}\,dx$$

$$=\sqrt{\left(\dfrac{dx}{dt}\right)^2+\left(\dfrac{dy}{dt}\right)^2}\,dt$$

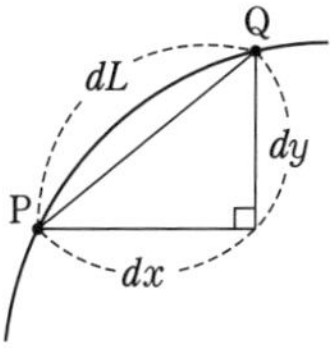

◀ これが曲線の長さの公式のイメージです。

を $a\leqq x\leqq b$, $\alpha\leqq t\leqq\beta$ でそれぞれ加えると考えて

$$L=\int_a^b\sqrt{1+\left(\frac{dy}{dx}\right)^2}\,dx$$

$$=\int_\alpha^\beta\sqrt{\left(\frac{dx}{dt}\right)^2+\left(\frac{dy}{dt}\right)^2}\,dt$$

◀ $y=f(x)$ とパラメータ曲線で使い分けましょう！

となります。大抵の問題はルートが外れて計算が簡単になります。

次の問題は，$\int_a^b\sqrt{1+\left(\frac{dy}{dx}\right)^2}\,dx$ を利用する例です。

◀ $y=f(x)$ の場合はこちらを使います。

曲線 $y=\dfrac{e^x+e^{-x}}{2}$ について，$y\leqq5$ の部分の長さを求めよ。ただし，e は自然対数の底である。

(東京理科大)

解答 $\dfrac{e^x+e^{-x}}{2}\leqq5$ より

$e^x+e^{-x}\leqq10$

$\therefore\ (e^x)^2-10e^x+1\leqq0$

$\therefore\ 5-2\sqrt{6}\leqq e^x\leqq5+2\sqrt{6}$

$\therefore\ \log(5-2\sqrt{6})\leqq x\leqq\log(5+2\sqrt{6})$

$f(x)=\dfrac{e^x+e^{-x}}{2}$ とおくと

$f'(x)=\dfrac{e^x-e^{-x}}{2}$

◀ この曲線はカテナリーと呼ばれます。カテナリーでは，$1+y'^2=y^2$ が成り立ち，ルートが外れるので，曲線の長さの問題でよく出題されます。

$\sqrt{1+\{f'(x)\}^2}=\sqrt{1+\left(\dfrac{e^x-e^{-x}}{2}\right)^2}$

$=\sqrt{\left(\dfrac{e^x+e^{-x}}{2}\right)^2}$

$=\left|\dfrac{e^x+e^{-x}}{2}\right|=\dfrac{e^x+e^{-x}}{2}$

◀ $\sqrt{a^2}=|a|$ に注意！符号を確認しましょう。

また，$f(-x)=f(x)$ が成り立つので，この曲線は y 軸対称である。

よって，求める長さは

$2\displaystyle\int_0^{\log(5+2\sqrt{6})}\sqrt{1+\{f'(x)\}^2}\,dx$

$=2\displaystyle\int_0^{\log(5+2\sqrt{6})}\dfrac{e^x+e^{-x}}{2}\,dx$

$=2\left[\dfrac{e^x-e^{-x}}{2}\right]_0^{\log(5+2\sqrt{6})}$

$=(5+2\sqrt{6})-\dfrac{1}{5+2\sqrt{6}}$

◀ $a^{\log_a b}=b$ を利用しています。

$=(5+2\sqrt{6})-(5-2\sqrt{6})=\mathbf{4\sqrt{6}}$

テーマ 29 | 関数方程式

29 アプローチ

$f(x)=a^x$ は $a^{x+y}=a^x \cdot a^y$ より
$$f(x+y)=f(x)f(y)$$
を満たします。逆に関数 $f(x)$ が
$$f(x+y)=f(x)f(y)$$
を満たすとき，$f(x)$ はどんな関数なのか？ これがこの問題の主題です。

◀ 関数方程式の問題です。

(1) $f(x+y)=f(x)f(y)$ において，$x=y=0$ とすると
$$f(0)=f(0)f(0) \qquad \therefore \quad f(0)\{f(0)-1\}=0$$
$$\therefore \quad f(0)=0 \quad または \quad f(0)=1$$
となってどちらかわかりません。このような場合は，解答のように一方のみを 0 にしましょう。

(2) $x=0$ で微分可能であることを利用して，すべての x で微分可能であることを示します。

◀ すべての x で微分可能とあった場合の対処法は

＼ちょっと／ 一言 を参照！

(3) ヒントにしたがって微分し，(4)で $f(x)$ を求めましょう。

解答

(1) $f(x+y)=f(x)f(y)$ において，$y=0$ とすると
$$f(x)=f(x)f(0)$$
$$\therefore \quad f(x)\{f(0)-1)\}=0$$
$f'(0)=k \ (k \neq 0)$ より，恒等的に $f(x)=0$ ではないので
$$f(0)=1$$

(2) $f(x)$ は $x=0$ で微分可能であるから
$$\lim_{h \to 0} \frac{f(0+h)-f(0)}{h}=f'(0)$$
よって，$f(a+h)=f(a)f(h)$ から
$$\lim_{h \to 0}\frac{f(a+h)-f(a)}{h}=\lim_{h \to 0}\frac{f(a)f(h)-f(a)}{h}$$
$$=\lim_{h \to 0}\frac{f(a)\{f(h)-1\}}{h}$$
$$=\lim_{h \to 0}\frac{f(0+h)-f(0)}{h} \cdot f(a)$$
$$=f'(0)f(a)=kf(a)$$
より $x=a$ で微分可能であり，$f'(a)=kf(a)$ となる。

◀ $x=0$ で微分可能であることを利用して，すべての x で微分可能であることを示します。

◀ $f(0)=1$ です。

◀ $f'(a)$ が存在します。

(3) $g(x)=\log f(x)$ を微分すると，(2)より

116

$$g'(x) = \frac{f'(x)}{f(x)} = \frac{kf(x)}{f(x)} = k = f'(0)$$

(4) (3)より, $g'(x) = f'(0) = k$

$$\therefore \quad g(x) = \int k\,dx = kx + C \qquad \therefore \quad \log f(x) = kx + C$$

$f(0) = 1$ より, $\log f(0) = C \qquad \therefore \quad C = \log 1 = 0$

$$\therefore \quad \log f(x) = kx \qquad \therefore \quad \boldsymbol{f(x) = e^{kx}}$$

\ちょっと/
一言

❶ 〈問題文に微分可能とある場合〉

　　$f(x)$ がすべての x で微分可能であれば，次のようにすることも可能です。

$$f(x+y) = f(x)f(y)$$

の両辺を y で微分して

$$f'(x+y) = f(x)f'(y)$$

$y = 0$ として，$f'(x) = f'(0)f(x)$

◁ 問題文に $f(x)$ が微分可能とあったら，一方の文字を定数と思って微分しましょう。

❷ 〈微分方程式〉

　　$f'(x) = kf(x)$ は**微分方程式**といわれるもので，微分方程式を満たす関数 $f(x)$ を求める問題では，通常何かしらのヒントがつきます。

　　(3)のヒントがない場合は，自ら $\frac{f'(x)}{f(x)}$ を作りましょう。

$f'(x) = kf(x)$ より，$\dfrac{f'(x)}{f(x)} = k$

両辺を x で積分して

$$\log|f(x)| = kx + C$$

$$\therefore \quad |f(x)| = e^{kx+C} = e^C \cdot e^{kx}$$

$$\therefore \quad f(x) = \pm e^C \cdot e^{kx} = De^{kx} \ (D = \pm e^C)$$

$f(0) = D = 1$ より，$f(x) = e^{kx}$

◁ $f(\alpha) = 0$ となる α が存在すると仮定すると $f(x+\alpha) = f(x)f(\alpha) = 0$ となり，$f(x)$ は恒等的に 0 となって，$f'(0) = k \ (k \neq 0)$ に反します。よって，$f(x) \neq 0$ です。

◁ $(\log|f(x)|)' = \dfrac{f'(x)}{f(x)}$

とするか，$\dfrac{dy}{dx}$ をあたかも dx と dy の分数のように扱って

変数を分離して

$$f'(x) = kf(x) \iff \frac{dy}{dx} = ky \iff \frac{1}{y}dy = kdx$$

両辺を積分して

$$\int \frac{1}{y}dy = \int k\,dx$$

$$\therefore \quad \log|y| = kx + C \qquad \therefore \quad y = \pm e^{kx+C} = De^{kx} \ (D = \pm e^C)$$

とすることもできます。

◁ このように，x の積分と y の積分に分けられるものを変数分離形といいます。

テーマ 30 | 複素数の処理法

アプローチ

w が実数である $\iff$ w の虚部が 0
$\iff$ $w=\overline{w}$

を利用しますが、この際

① $z=x+yi$ (x, y は実数) とおく
② バー (共役複素数) の利用
③ $z=r(\cos\theta+i\sin\theta)$ とおく (**極形式の利用**)

◀ なんでもかんでも $z=x+yi$ とおいて解かないこと。状況に応じた対応を！

のうち処理しやすいものを利用しましょう。以下、3つの方法で解いてみます。

解答 ··········

【解1】($z=x+yi$ の利用)

$$w=z+\frac{1}{z} \ (z\neq0)$$

◀ $z=x+yi$ とおくと、大変なことになることもあるので、タイミングを見て利用しましょう。本問ではなかなかいい感じです。

$z=x+yi$ (x, y は実数で $(x, y)\neq(0, 0)$) とおくと

$$w=(x+yi)+\frac{1}{x+yi}=(x+yi)+\frac{x-yi}{x^2+y^2}$$

$$=\left(x+\frac{x}{x^2+y^2}\right)+\left(y-\frac{y}{x^2+y^2}\right)i$$

が実数であるから

$$y-\frac{y}{x^2+y^2}=0$$

$\therefore$ $y\left(1-\dfrac{1}{x^2+y^2}\right)=0$

$\therefore$ $y(x^2+y^2-1)=0$

かつ $(x, y)\neq(0, 0)$

よって、$y=0$ または $x^2+y^2=1$
ただし、原点を除く。

図示すると、右の図のようになる。

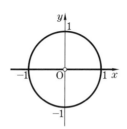

【解2】(バーの利用)

w が実数 $\iff$ $w=\overline{w}$

$\iff$ $z+\dfrac{1}{z}=\overline{\left(z+\dfrac{1}{z}\right)}$

$\iff$ $z+\dfrac{1}{z}=\overline{z}+\dfrac{1}{\overline{z}}$

◀ 「w が実数」は「$w=\overline{w}$」で捉えることができます。

両辺に $z\bar{z}$ $(z \neq 0)$ をかけて，$z^2\bar{z}+\bar{z}=z(\bar{z})^2+z$

∴ $z\bar{z}(z-\bar{z})-(z-\bar{z})=0$ かつ $z \neq 0$

∴ $(|z|^2-1)(z-\bar{z})=0$ かつ $z \neq 0$　　　◀ 因数分解します！

よって，$|z|=1$ または $z=\bar{z}$（実軸）　　ただし，原点を除く。

【解3】（極形式の利用）

◀ z^n が含まれた式では極形式の利用は効果的です。

$z=r(\cos\theta+i\sin\theta)$ $(r>0,\ 0\leqq\theta<2\pi)$ とおくと

$$w=z+\frac{1}{z}$$

$$=r(\cos\theta+i\sin\theta)+\frac{1}{r}\{\cos(-\theta)+i\sin(-\theta)\}$$

$$=\left(r+\frac{1}{r}\right)\cos\theta+i\left(r-\frac{1}{r}\right)\sin\theta$$

◀ $\cos\theta+i\sin\theta$ は θ 回転だから，$\dfrac{1}{\cos\theta+i\sin\theta}$ は

$\dfrac{1}{\cos\theta+i\sin\theta}$
$=\cos\theta-i\sin\theta$
$=\cos(-\theta)+i\sin(-\theta)$
より，逆回転です！

が実数であるから，$\left(r-\dfrac{1}{r}\right)\sin\theta=0$

∴ $r-\dfrac{1}{r}=0$ または $\sin\theta=0$

∴ $r^2=1$ または $\sin\theta=0$

∴ $r=1$ または $\theta=0,\ \pi$ $(r \neq 0)$

よって，$|z|=1$ または実軸　　ただし，原点を除く。

＼ちょっと／ 一言

　問題の条件が，w が正の実数となっている場合，どのようにしますか？

　【解1】では，$(w の実部)=x+\dfrac{x}{x^2+y^2}=x\left(1+\dfrac{1}{x^2+y^2}\right)>0$ より，$x>0$

　【解3】では，$(w の実部)=\left(r+\dfrac{1}{r}\right)\cos\theta>0$ より，$\cos\theta>0$ となり，どちらも虚軸の右側の部分という制限がつきます。

　【解2】のバーで解いた場合は，

$(w の実部)=\dfrac{w+\bar{w}}{2}$ より

$$z+\frac{1}{z}+\bar{z}+\frac{1}{\bar{z}}$$

$$=(z+\bar{z})+\frac{z+\bar{z}}{z\bar{z}}$$

$$=(z+\bar{z})\left(1+\frac{1}{|z|^2}\right)$$

ここで，$z=x+yi$（$x,\ y$ は実数）とおくと

$$\left(z+\bar{z}\right)\left(1+\frac{1}{|z|^2}\right)=2x\left(1+\frac{1}{x^2+y^2}\right)>0 \ \ \text{より}$$
$$x>0$$

◀ 結局 $z=x+yi$ とおく
とわかりやすいです。
このように $z=x+yi$
を代入するタイミングを
見つつ，うまく処理して
ください。

重要ポイント 総整理！

1 $z=a+bi$ $(a,\ b$ は実数$)$ の共役

複素数 $\bar{z}=a-bi$ に対して

$$|z|=\sqrt{a^2+b^2},\ |z|^2=z\bar{z}$$

また，$r=|z|$，実軸から線分

O-z まで反時計回りに回転した

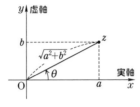

回転角を θ とするとき

$$z=r(\cos\theta+i\sin\theta)$$

と表せ，これを z の**極形式**といいます。r は z の絶対値，θ は

z の偏角と呼ばれ，$\arg z$ と表します。

2 《共役複素数の性質》

$$\overline{z+w}=\bar{z}+\bar{w},\ \overline{z-w}=\bar{z}-\bar{w}$$

$$\overline{zw}=\bar{z}\cdot\bar{w},\ \overline{\left(\frac{z}{w}\right)}=\frac{\bar{z}}{\bar{w}},\ z\bar{z}=|z|^2$$

a が実数のとき，$\bar{a}=a$

◀ バーはバラせます！

〈共役解はセット！〉

実数係数の n 次方程式の解の 1 つが $\alpha=p+qi$ $(p,\ q$ は

実数$)$ ならば，$\bar{\alpha}=p-qi$ も解である。

【証明】 実数 a_k $(k=0,\ 1,\ \cdots\cdots,\ n)$ $(n\geqq1)$ に対して

$$a_nx^n+a_{n-1}x^{n-1}+\cdots\cdots+a_1x+a_0=0 \quad \cdots\cdots(*)$$

が α を解にもつとき

$$a_n\alpha^n+a_{n-1}\alpha^{n-1}+\cdots\cdots+a_1\alpha+a_0=0$$

$$\overline{a_n\alpha^n+a_{n-1}\alpha^{n-1}+\cdots\cdots+a_1\alpha+a_0}=0$$

$$\overline{a_n\alpha^n}+\overline{a_{n-1}\alpha^{n-1}}+\cdots\cdots+\overline{a_1\alpha}+\overline{a_0}=0$$

$$\overline{a_n}\cdot\overline{\alpha^n}+\overline{a_{n-1}}\cdot\overline{\alpha^{n-1}}+\cdots\cdots+\overline{a_1}\cdot\overline{\alpha}+\overline{a_0}=0$$

$$a_n\cdot(\overline{\alpha})^n+a_{n-1}\cdot(\overline{\alpha})^{n-1}+\cdots\cdots+a_1\cdot\overline{\alpha}+a_0=0$$

これは，$\bar{\alpha}$ が $(*)$ の解であることを意味する。

◀ $z=0$ なら $\bar{z}=0$ です。

◀ $\overline{z+w}=\bar{z}+\bar{w}$ です。

◀ $\overline{zw}=\bar{z}\cdot\bar{w}$ です。

◀ $\overline{z^n}=(\bar{z})^n$ です。

3 z が実数 $\iff$ $z=\bar{z}$

z が純虚数 $\iff$ $z+\bar{z}=0$ かつ $z\neq0$

4 z の実部 $=\dfrac{z+\bar{z}}{2}$，z の虚部 $=\dfrac{z-\bar{z}}{2i}$

テーマ **31** | n 乗根

31 ／アプローチ／

(1) ド・モアブルの定理

$$(\cos\theta+i\sin\theta)^n=\cos n\theta+i\sin n\theta \ (n \text{ は整数})$$

を用いると，$\dfrac{2}{5}\pi\times5=2\pi$ から

$$\alpha^5=\left(\cos\dfrac{2}{5}\pi+i\sin\dfrac{2}{5}\pi\right)^5$$

$$=\cos2\pi+i\sin2\pi=1$$

となり，α は $z^5=1$ の解の 1 つ
とわかります。また，$z^5=1$ の解
は，複素数平面上で，単位円に内

接する正五角形の頂点をなし，その解は 1, α, α^2, α^3, α^4 です。

$$z^5-1=(z-1)(z^4+z^3+z^2+z+1)=0$$

であり，$\alpha\neq1$ より，α は $z^4+z^3+z^2+z+1=0$ の解ですから

$$\alpha^5=1, \ \alpha^4+\alpha^3+\alpha^2+\alpha+1=0$$

を満たします。(2)では，これらを用いて次数下げを行います。

◀ 解が正五角形の頂点をなす！
図形的に考えるのがポイントです。

(3) $u+v=p$, $uv=q$ が成り立つとき，u, v は 2 次方程式
$t^2-pt+q=0$ の 2 解です。

　　方程式 $z^5=1$ の解が正五角形の頂点をなすことをイメージ
できていれば，α と α^4 は実軸に関して対称ですから $\alpha^4=\overline{\alpha}$
とわかります。これより

$$u=\alpha+\alpha^4=\alpha+\overline{\alpha}=2\cos\dfrac{2}{5}\pi$$

になります。

◀ α は原点の周りの $\dfrac{2}{5}\pi$ 回転を表すので，$\alpha^5=1$ より，$\alpha^4=\dfrac{1}{\alpha}=\overline{\alpha}$ です。

◀ $\alpha+\overline{\alpha}$ は α の実部の 2 倍です。実部に着目しましょう。

解答

(1) $\alpha^5=\left(\cos\dfrac{2}{5}\pi+i\sin\dfrac{2}{5}\pi\right)^5=\cos2\pi+i\sin2\pi=1$

　$\therefore \ \alpha^5-1=(\alpha-1)(\alpha^4+\alpha^3+\alpha^2+\alpha+1)=0$

　$\alpha\neq1$ より，$\alpha^4+\alpha^3+\alpha^2+\alpha+1=0$　……（＊）

◀ ド・モアブルの定理です。

(2) $\boldsymbol{u+v}=(\alpha+\alpha^4)+(\alpha^2+\alpha^3)$

$$=\alpha^4+\alpha^3+\alpha^2+\alpha=\boldsymbol{-1}$$

$\boldsymbol{uv}=(\alpha+\alpha^4)(\alpha^2+\alpha^3)=\alpha^3+\alpha^4+\alpha^6+\alpha^7$

$$=\alpha^3+\alpha^4+\alpha+\alpha^2 \ (\alpha^5=1 \text{ より})$$

$$=\boldsymbol{-1}$$

◀ $\alpha^5=1$ と（＊）を利用して次数を下げましょう。

◀ $\alpha^5=1$ より，
$\alpha^6=\alpha$, $\alpha^7=\alpha^2$ となります。

(3) (2)より，u，v は 2 次方程式 $t^2+t-1=0$ の解より

$$t=\frac{-1\pm\sqrt{5}}{2}$$

となるが

$$u=\alpha+\alpha^4=\alpha+\bar{\alpha}=2\cos\frac{2}{5}\pi>0$$

◀ α と α^4 は実軸に関して対称です。

より，$u=2\cos\dfrac{2}{5}\pi=\dfrac{-1+\sqrt{5}}{2}$

◀ 解のうちプラスの方です。

$$\therefore\quad \cos\frac{2}{5}\pi=\frac{-1+\sqrt{5}}{4}$$

\ ちょっと/
一言

(3)と同様の考え方を用いると，例えば

$$\cos\frac{2}{5}\pi+\cos\frac{4}{5}\pi+\cos\frac{6}{5}\pi+\cos\frac{8}{5}\pi \text{ の値は？}$$

◀ アプローチ の正五角形の図と対応させて考えてみましょう。
$\cos$ は x 座標，$\sin$ は y 座標をみていきます。

と問われたら，$\alpha+\alpha^2+\alpha^3+\alpha^4=-1$ において

$\alpha+\alpha^2+\alpha^3+\alpha^4$ の実部とみて，-1

$$\sin\frac{2}{5}\pi+\sin\frac{4}{5}\pi+\sin\frac{6}{5}\pi+\sin\frac{8}{5}\pi \text{ の値は？}$$

と問われたら

$\alpha+\alpha^2+\alpha^3+\alpha^4$ の虚部とみて，0

とできます。このように n 乗根が主役になっている問題は，正 n 角形の図をしっかりかいて，対応を考えることをオススメします。

重要ポイント 総整理！

1 《n 乗根は正 n 角形》

$z^n=1$（n は自然数）の解は

$$z=r(\cos\theta+i\sin\theta)\ (r>0,\ 0\leqq\theta<2\pi)$$

とおくと，ド・モアブルの定理より

◀ n 乗根を求める際には極形式を利用します。

$$z^n=\{r(\cos\theta+i\sin\theta)\}^n=r^n(\cos n\theta+i\sin n\theta)$$

よって，$z^n=1 \iff r^n(\cos n\theta+i\sin n\theta)=\cos 0+i\sin 0$

◀ 絶対値と偏角を比較します。

$\therefore\quad r^n=1,\ n\theta=2k\pi$（$k$ は整数）

$\therefore\quad r=1,\ \theta=\dfrac{2k\pi}{n}$（$k=0,\ 1,\ 2,\ \cdots\cdots,\ n-1$）

◀ k は $0\leqq\theta<2\pi$ に収まるように決めると n 個あります。

となり，単位円に内接し，1 を 1 つの頂点とする正 n 角形の頂点となります。

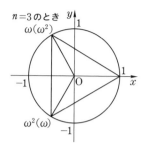 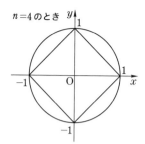

特に，$z^3=1$ の虚数解の
1つは ω（オメガ）と表す
ことが多いです。
$z^3=1 \iff$
$(z-1)(z^2+z+1)=0$
より，ω は $\omega^3=1$,
$\omega^2+\omega+1=0$ を満たし，
$z^3=1$ の解は 1, ω, ω^2
$(=\overline{\omega})$ です。

❷ 《正 n 角形の対角線の長さの積》

$z^n=1$（n は自然数）の解は

$$\alpha=\cos\frac{2\pi}{n}+i\sin\frac{2\pi}{n}$$

とおくと

$$1,\ \alpha,\ \alpha^2,\ \alpha^3,\ \cdots\cdots,\ \alpha^{n-1}$$

となるので

$$z^n-1$$
$$=(z-1)(z^{n-1}+z^{n-2}+\cdots\cdots+z+1)=0$$

より，α, α^2, α^3, $\cdots\cdots$, α^{n-1} は

$$z^{n-1}+z^{n-2}+\cdots\cdots+z+1=0$$

の解になり

$$z^{n-1}+z^{n-2}+\cdots\cdots+z+1$$
$$=(z-\alpha)(z-\alpha^2)\cdots\cdots(z-\alpha^{n-1})$$

と変形できます。

因数分解できます。

ここで，$z=1$ とすると

$$(1-\alpha)(1-\alpha^2)\cdots\cdots(1-\alpha^{n-1})$$
$$=\underbrace{1+1+\cdots\cdots+1}_{n\text{個}}=n$$

よって，A(1)，P$_1(\alpha)$，P$_2(\alpha^2)$，$\cdots\cdots$，P$_{n-1}(\alpha^{n-1})$ とおくと

A を端点とする対角線の長さの積は

$$\mathrm{AP_1\times AP_2\times AP_3\times \cdots\cdots\times AP_{n-1}}$$
$$=|1-\alpha||1-\alpha^2||1-\alpha^3|\cdots\cdots|1-\alpha^{n-1}|=n$$

複素数平面上で 1 と α^k
の距離は $|1-\alpha^k|$ となり
ます。
よって，$\mathrm{AP}_k=|1-\alpha^k|$
となります。

となります。

また

(i) $0 < \dfrac{2}{n}k\pi \leqq \pi$ のとき　　(ii) $\pi \leqq \dfrac{2}{n}k\pi < 2\pi$ のとき

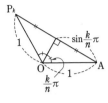

より，$\mathrm{AP}_k = 2\sin\dfrac{k}{n}\pi$ となるので

$$2\sin\frac{\pi}{n}\cdot 2\sin\frac{2}{n}\pi\cdot 2\sin\frac{3}{n}\pi\cdots\cdots 2\sin\frac{n-1}{n}\pi = n \text{ より}$$

$$\sin\frac{\pi}{n}\cdot\sin\frac{2}{n}\pi\cdot\sin\frac{3}{n}\pi\cdots\cdots\sin\frac{n-1}{n}\pi = \frac{n}{2^{n-1}}$$

もわかります。

テーマ 32 | 複素数の図形への応用(1)

32 アプローチ

分数式 $\dfrac{\gamma-\alpha}{\beta-\alpha}$ の意味は，分母を払って考えるとわかりやすいです。

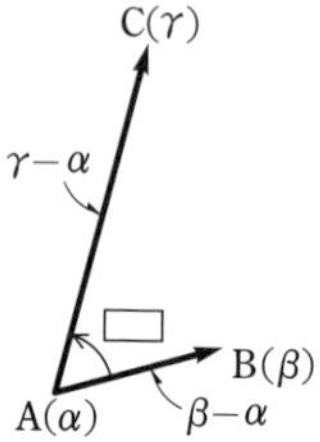

$$\dfrac{\gamma-\alpha}{\beta-\alpha}=\boxed{}$$ の分母を払うと

$$\underset{\overrightarrow{AC}}{\gamma-\alpha}=\boxed{}\underset{\overrightarrow{AB}}{(\beta-\alpha)}$$

となるので

$$\boxed{}$$ は $\overrightarrow{AB}$ をどうすると $\overrightarrow{AC}$ になるか？

を意味しています。

◀ 分数式は2つのベクトルの関係を表しています。詳しくは 重要ポイント 総整理！ ❸を参照！

解答

(1) $\dfrac{\gamma-\alpha}{\beta-\alpha}=\dfrac{1}{2}(\sqrt{3}+i)^2$

$=\dfrac{1}{2}\left\{2\left(\cos\dfrac{\pi}{6}+i\sin\dfrac{\pi}{6}\right)\right\}^2$

$=2\left(\cos\dfrac{\pi}{3}+i\sin\dfrac{\pi}{3}\right)$

より，$r=2$，$\theta=\dfrac{\pi}{3}$

(2) A(α)，B(β)，C(γ) は，(1)の分母を払うと

$$\gamma-\alpha=2\left(\cos\dfrac{\pi}{3}+i\sin\dfrac{\pi}{3}\right)(\beta-\alpha)$$

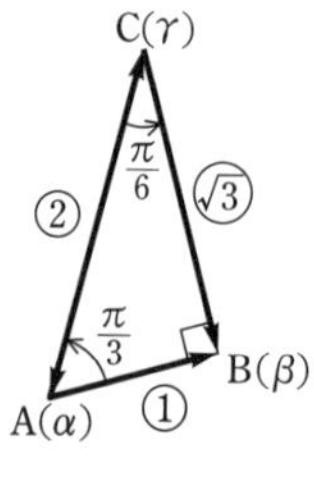

より，$\overrightarrow{AB}$ をAの周りに $\dfrac{\pi}{3}$ だけ回転して，2倍したものが $\overrightarrow{AC}$ となるから，右の図のような関係にある。

よって

$$\beta-\gamma=\dfrac{\sqrt{3}}{2}\left(\cos\dfrac{\pi}{6}+i\sin\dfrac{\pi}{6}\right)(\alpha-\gamma)$$

$$\dfrac{\beta-\gamma}{\alpha-\gamma}=\dfrac{\sqrt{3}}{2}\cdot\dfrac{\sqrt{3}+i}{2}=\dfrac{3+\sqrt{3}\,i}{4}$$

◀ ベクトル的なイメージを持ちましょう。分数式は2つのベクトルの関係を表しています。

◀ 回転の向きに注意しましょう。

重要ポイント 総整理!

① 《複素数はベクトル》

複素数平面上の2点 $A(\alpha)$, $B(\beta)$ について

$$\alpha+\beta=\overrightarrow{OA}+\overrightarrow{OB}=\overrightarrow{OC}$$
$$\beta-\alpha=\overrightarrow{OB}-\overrightarrow{OA}=\overrightarrow{AB}$$

とみなします。複素数はベクトル的に考えましょう!

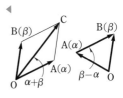

② 《複素数の積と商》

複素数平面上の2点 $A(\alpha)$, $B(\beta)$ に対して

$$\alpha=R(\cos\theta_1+i\sin\theta_1),\quad \beta=r(\cos\theta_2+i\sin\theta_2)$$

とおく。このとき,積は

$$\alpha\beta=R(\cos\theta_1+i\sin\theta_1)\cdot r(\cos\theta_2+i\sin\theta_2)$$
$$=Rr\{(\cos\theta_1\cos\theta_2-\sin\theta_1\sin\theta_2)$$
$$+i(\sin\theta_1\cos\theta_2+\cos\theta_1\sin\theta_2)\}$$
$$=Rr\{\cos(\theta_1+\theta_2)+i\sin(\theta_1+\theta_2)\}$$

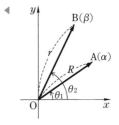

これは,α に β をかけると,$\overrightarrow{OA}$ を原点Oの周りに $\arg\beta=\theta_2$ だけ回転し,r 倍に拡大または縮小されることを意味します。積は回転&拡大(縮小)です。また,商は

$$\frac{\alpha}{\beta}=\frac{R(\cos\theta_1+i\sin\theta_1)}{r(\cos\theta_2+i\sin\theta_2)}$$
$$=\frac{R(\cos\theta_1+i\sin\theta_1)(\cos\theta_2-i\sin\theta_2)}{r(\cos\theta_2+i\sin\theta_2)(\cos\theta_2-i\sin\theta_2)}$$
$$=\frac{R}{r}\{\cos(\theta_1-\theta_2)+i\sin(\theta_1-\theta_2)\}$$

◀ $-\theta_2$ だけ回転です!

となることから,逆回転&縮小(拡大)となります。

③ 《分数式は2つのベクトルの関係》

複素数平面上の2点 $A(\alpha)$, $B(\beta)$ に対して

$$\frac{\beta}{\alpha}=2(\cos 60°+i\sin 60°)$$

のとき,$A(\alpha)$, $B(\beta)$, O の関係はどうなっているでしょうか。

分母を払って

$$\beta=2(\cos 60°+i\sin 60°)\alpha$$

と変形すれば,$\overrightarrow{OA}$ を原点Oの周りに $60°$ 回転して,2倍すると $\overrightarrow{OB}$ となることから,△OAB は右の図のようになります。

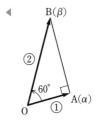

> $\arg\dfrac{\beta}{\alpha}$ は原点の周りに α から β に回った角を表し,$\left|\dfrac{\beta}{\alpha}\right|$ は $|\beta|$ と $|\alpha|$ の比を表します。

同様に，$\dfrac{\beta-\gamma}{\alpha-\gamma}=2(\cos 60°+i\sin 60°)$ は

$$\beta-\gamma=2(\cos 60°+i\sin 60°)(\alpha-\gamma)$$

と変形できることから，$\overrightarrow{\mathrm{CA}}$ を C の周りに $60°$ 回転して 2 倍したものが $\overrightarrow{\mathrm{CB}}$ ということで，右の図のようになります。

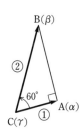

> $\arg\dfrac{\beta-\gamma}{\alpha-\gamma}$ は，γ の周りに分母のベクトルから分子のベクトルに回った角を表し，$\left|\dfrac{\beta-\gamma}{\alpha-\gamma}\right|$ は $|\beta-\gamma|$ と $|\alpha-\gamma|$ の比を表します。

〈回転移動〉

複素数平面の原点 O を P_0 とし，P_0 から実軸の正の方向に 1 進んだ点を P_1 とする。次に P_1 を中心として $\dfrac{\pi}{4}$ だけ回転して向きを変え，$\dfrac{1}{\sqrt{2}}$ 進んだ点を P_2 とする。以下同様に，P_n に到達した後，$\dfrac{\pi}{4}$ だけ回転してから前回進んだ距離の $\dfrac{1}{\sqrt{2}}$ 倍進んで到達する点を P_{n+1} とする。このとき，点 P_{10} が表す複素数を求めよ。

(日本女子大)

ベクトルをつないでいきましょう。

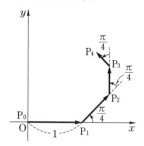

解答 $\overrightarrow{P_nP_{n+1}}$ を表す複素数を z_n とすると，$z_0=1$

$\alpha=\dfrac{1}{\sqrt{2}}\left(\cos\dfrac{\pi}{4}+i\sin\dfrac{\pi}{4}\right)$ とおくと

$$z_{n+1}=\dfrac{1}{\sqrt{2}}\left(\cos\dfrac{\pi}{4}+i\sin\dfrac{\pi}{4}\right)z_n=\alpha z_n$$

$$z_n=z_0\cdot\alpha^n=\alpha^n$$

$\therefore$ $\overrightarrow{\mathrm{OP}_{10}}=\overrightarrow{P_0P_1}+\overrightarrow{P_1P_2}+\cdots\cdots+\overrightarrow{P_9P_{10}}$ を表す複素数は

$$z_0+z_1+z_2+\cdots\cdots+z_9$$

$$=1+\alpha+\alpha^2+\cdots\cdots+\alpha^9=\dfrac{1-\alpha^{10}}{1-\alpha}$$

◀ $\overrightarrow{P_{n-1}P_n}$ を $\dfrac{\pi}{4}$ だけ回転して $\dfrac{1}{\sqrt{2}}$ 倍，すなわち α 倍したものが $\overrightarrow{P_nP_{n+1}}$ なので，順次 1，α，α^2，$\cdots\cdots$，α^n となります。あとは，ベクトルをつないでいきます。

◀ 初項 1，公比 α，項数 10 の等比数列の和です。

ここで，$\alpha^{10}=\left\{\dfrac{1}{\sqrt{2}}\left(\cos\dfrac{\pi}{4}+i\sin\dfrac{\pi}{4}\right)\right\}^{10}$

$$=\dfrac{1}{32}\left(\cos\dfrac{5}{2}\pi+i\sin\dfrac{5}{2}\pi\right)=\dfrac{i}{32}$$

よって，**点 P_{10} が表す複素数**は

$$\dfrac{1-\dfrac{i}{32}}{1-\dfrac{1+i}{2}}=\dfrac{\dfrac{32-i}{32}}{\dfrac{1-i}{2}}$$

$$=\dfrac{32-i}{16(1-i)}=\dfrac{(32-i)(1+i)}{32}=\boldsymbol{\dfrac{33+31i}{32}}$$

〈複素数はベクトル〉

s, t は $0<s<1$, $0<t<1$ を満たす実数とし，$\alpha=si$, $\beta=t$ とおく。ここで，i は虚数単位である。複素数 γ はその実部と虚部が正であるものとし，複素数平面上で α, β, γ は正三角形をなすとする。

(1) $\dfrac{\gamma-\alpha}{\beta-\alpha}$ を求めよ。

(2) s, t が上記の範囲を動くとき，γ が描く図形を図示せよ。　　　　　　（千葉大）

この問題は，まさにベクトル的な考え方が有効な問題です。

解答 (1) $0<s<1$, $0<t<1$,

γ は第 1 象限より

$$\dfrac{\gamma-\alpha}{\beta-\alpha}=\cos\dfrac{\pi}{3}+i\sin\dfrac{\pi}{3}$$

$$=\dfrac{1+\sqrt{3}\,i}{2}$$

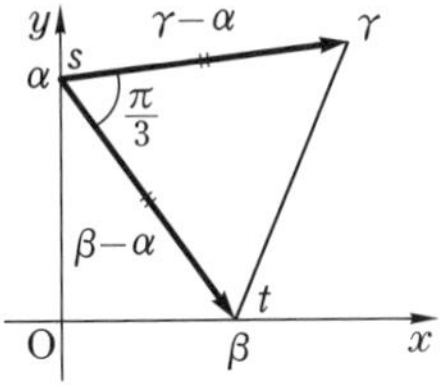

◀ $\beta-\alpha$ を α の周りに $\dfrac{\pi}{3}$ だけ回転したベクトルが $\gamma-\alpha$ です。

(2) (1)より，$\gamma-\alpha=\dfrac{1+\sqrt{3}\,i}{2}(\beta-\alpha)$

$$\therefore\ \gamma=si+\dfrac{1+\sqrt{3}\,i}{2}(t-si)=t\cdot\dfrac{1+\sqrt{3}\,i}{2}+s\cdot\dfrac{\sqrt{3}+i}{2}$$

$$(0<s<1,\ 0<t<1)$$

◀ パラメータ s, t について整理します。

これは，γ の座標を $P(x,\ y)$ とし，

$$\overrightarrow{OA}=\left(\dfrac{1}{2},\ \dfrac{\sqrt{3}}{2}\right),\ \overrightarrow{OB}=\left(\dfrac{\sqrt{3}}{2},\ \dfrac{1}{2}\right)$$

とみると

$$\overrightarrow{OP}=t\overrightarrow{OA}+s\overrightarrow{OB}$$

$$(0<s<1,\ 0<t<1)$$

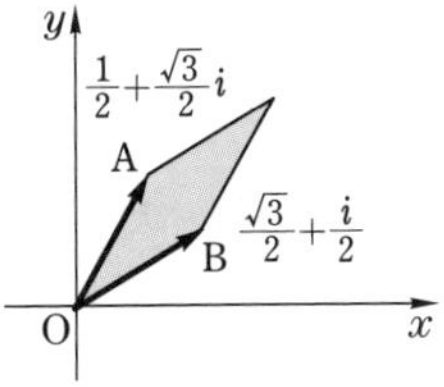

となり，γ が描く図形は，右の図のように，$\overrightarrow{OA}$, $\overrightarrow{OB}$ で張られる平行四辺形の内部となる。

テーマ 33 | 複素数の図形への応用(2)

33 アプローチ

(1) **直線に関する対称移動**の問題です。

右の図において，ベクトル β を原点の周り
に θ だけ回転して r 倍したものをベクトル α
と見れば，ベクトル γ は，ベクトル β を原点
の周りに $-\theta$ だけ回転して r 倍したものです。

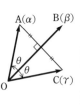

◀ 実軸に対して，複素数 z
と対称な複素数は $\bar{z}$（共役複素数）です。同様に，OB に関して，$\overrightarrow{OA}(\alpha)$ と対称なベクトル $\overrightarrow{OC}(\gamma)$ が共役になるイメージです。

すなわち

$$\alpha = r(\cos\theta + i\sin\theta)\beta$$

$$\iff \frac{\alpha}{\beta} = r(\cos\theta + i\sin\theta)$$

$$\gamma = r\{\cos(-\theta) + i\sin(-\theta)\}\beta$$

$$\iff \frac{\gamma}{\beta} = r(\cos\theta - i\sin\theta)$$

となり，$\dfrac{\alpha}{\beta}$ と $\dfrac{\gamma}{\beta}$ は共役な関係になります。

(2) 異なる 4 点 A(α)，B(β)，C(γ)，D(δ) に対して

$$\overrightarrow{AB} /\!/ \overrightarrow{DC}$$

$$\iff \overrightarrow{DC} = k\overrightarrow{AB} \ (k \text{ は実数})$$

$$\iff \gamma - \delta = k(\beta - \alpha)$$

$$\iff \frac{\gamma - \delta}{\beta - \alpha} = k \ (\text{実数})$$

◀ ベクトルでイメージしましょう。

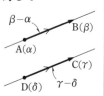

を利用しましょう。その後，(1)を用いて，α, β の関係を求めます。
特に，異なる 3 点 O(0)，A(α)，B(β) に対して，k を実数として

$$\text{OA} /\!/ \text{OB} \iff \overrightarrow{OB} = k\overrightarrow{OA}$$

$$\iff \beta = k\alpha \iff \frac{\beta}{\alpha} = k \ (\text{実数})$$

$$\iff \overline{\left(\frac{\beta}{\alpha}\right)} = \frac{\beta}{\alpha} \iff \alpha\bar{\beta} - \bar{\alpha}\beta = 0$$

◀ 平行条件です。

$$\text{OA} \perp \text{OB} \iff \beta = ki\alpha$$

$$\iff \frac{\beta}{\alpha} = ki \ (\text{純虚数})$$

$$\iff \overline{\left(\frac{\beta}{\alpha}\right)} = -\frac{\beta}{\alpha} \iff \alpha\bar{\beta} + \bar{\alpha}\beta = 0$$

◀ ベクトル α を $90°$ 回転したベクトル $i\alpha$ と平行です。

◀ 垂直条件です。

となります。

解答

(1) $\dfrac{\alpha}{\beta}=r(\cos\theta+i\sin\theta)$ とおくと

$$\dfrac{\gamma}{\beta}=r\{\cos(-\theta)+i\sin(-\theta)\}=r(\cos\theta-i\sin\theta)$$

となり，これらは共役複素数であるから

$$\dfrac{\gamma}{\beta}=\overline{\left(\dfrac{\alpha}{\beta}\right)}\qquad\therefore\ \gamma=\overline{\left(\dfrac{\alpha}{\beta}\right)}\beta$$

◀ $|\alpha|=|\gamma|$ より
$\left|\dfrac{\alpha}{\beta}\right|=\left|\dfrac{\gamma}{\beta}\right|=r$ です。

(2) AB∥DC のとき $D(\delta)$ とすると，$\dfrac{\gamma-\delta}{\beta-\alpha}=$（実数）より

$$\overline{\left(\dfrac{\gamma-\delta}{\beta-\alpha}\right)}=\dfrac{\gamma-\delta}{\beta-\alpha}\qquad\therefore\ \dfrac{\overline{\gamma}-\overline{\delta}}{\overline{\beta}-\overline{\alpha}}=\dfrac{\gamma-\delta}{\beta-\alpha}$$

$$\therefore\ (\beta-\alpha)(\overline{\gamma}-\overline{\delta})=(\overline{\beta}-\overline{\alpha})(\gamma-\delta)\ \cdots\cdots(*)$$

◀ 平行条件です。

ここで，(1)より $\gamma=\overline{\left(\dfrac{\alpha}{\beta}\right)}\beta$ であるから，γ を δ，α を β，β を

α に変えると，$\delta=\overline{\left(\dfrac{\beta}{\alpha}\right)}\alpha$ を得る。これらを $(*)$ に代入して

$$(\beta-\alpha)\left(\dfrac{\alpha}{\beta}\overline{\beta}-\dfrac{\beta}{\alpha}\overline{\alpha}\right)=(\overline{\beta}-\overline{\alpha})\left(\dfrac{\overline{\alpha}}{\overline{\beta}}\beta-\dfrac{\overline{\beta}}{\overline{\alpha}}\alpha\right)$$

展開すると

$$\dfrac{\alpha^2}{\beta}\overline{\beta}+\dfrac{\beta^2}{\alpha}\overline{\alpha}=\dfrac{(\overline{\alpha})^2}{\overline{\beta}}\beta+\dfrac{(\overline{\beta})^2}{\overline{\alpha}}\alpha$$

◀ $\alpha\overline{\beta}+\beta\overline{\alpha}$ が両辺に現れて消えます。

となる。両辺に $\alpha\overline{\alpha}\beta\overline{\beta}\ (=|\alpha|^2|\beta|^2)$ をかけて

$$|\alpha|^2\alpha^2(\overline{\beta})^2+|\beta|^2\beta^2(\overline{\alpha})^2=|\alpha|^2(\overline{\alpha})^2\beta^2+|\beta|^2(\overline{\beta})^2\alpha^2$$

$$|\alpha|^2\{\alpha^2(\overline{\beta})^2-(\overline{\alpha})^2\beta^2\}+|\beta|^2\{\beta^2(\overline{\alpha})^2-(\overline{\beta})^2\alpha^2\}=0$$

$$(|\alpha|^2-|\beta|^2)\{\alpha^2(\overline{\beta})^2-(\overline{\alpha})^2\beta^2\}=0$$

$$(|\alpha|^2-|\beta|^2)(\alpha\overline{\beta}-\overline{\alpha}\beta)(\alpha\overline{\beta}+\overline{\alpha}\beta)=0$$

◀ 因数分解をねらって頑張って変形しましょう！

よって，$|\alpha|^2-|\beta|^2=0$ $\cdots\cdots$① または $\alpha\overline{\beta}-\overline{\alpha}\beta=0$ $\cdots\cdots$②
または $\alpha\overline{\beta}+\overline{\alpha}\beta=0$ $\cdots\cdots$③

◀ **アプローチ** の式が出てきました。知っているとスムーズです。

①のとき，$|\alpha|=|\beta|$ より，OA＝OB の二等辺三角形

②のとき，$\alpha\overline{\beta}=\overline{\alpha}\beta$

$\alpha\neq0$ より $\overline{\left(\dfrac{\beta}{\alpha}\right)}=\dfrac{\beta}{\alpha}\iff\dfrac{\beta}{\alpha}$ は実数

◀ 実数 k に対して，$\beta=k\alpha$ です。

となり，O，A，B は一直線上にあることになり不適。

③のとき，$\alpha\overline{\beta}=-\overline{\alpha}\beta$ より

$$\overline{\left(\dfrac{\beta}{\alpha}\right)}=-\dfrac{\beta}{\alpha}\iff\dfrac{\beta}{\alpha}\text{ は純虚数}$$

◀ 実数 k に対して，$\beta=ki\alpha$ です。

となり，∠AOB＝90° の直角三角形となる。

以上より，△OAB は，OA＝OB の二等辺三角形

または ∠AOB＝90° の直角三角形

重要ポイント 総整理！

アプローチ でまとめた，対称移動，平行条件，垂直条件に加えて，以下では，複素数平面上での直線や円の表記について整理しておきます。

① 《複素数平面上の直線》

(i) 点 A(α) として，点 z_1 を通り $\overrightarrow{\mathrm{OA}}$ に平行な直線は

$$z = z_1 + t\alpha \quad (t \text{ は実数})$$

▶ 複素数平面上での直線や円の表記は，ベクトルとほとんど同じです。

(ii) 異なる 2 点 z_1，z_2 を通る直線は

$$z = sz_1 + tz_2$$
$$(s+t=1, \ s, \ t \text{ は実数})$$

(iii) 点 A(α) として，点 z_1 を通り $\overrightarrow{\mathrm{OA}}$ に垂直な直線は $z = z_1 + ti\alpha$ であるから

▶ $i\alpha$ は α を 90° 回転したベクトルです。

$$\frac{z - z_1}{\alpha} = ti \ (\text{純虚数または} 0) \text{ より}$$

$$\frac{z - z_1}{\alpha} + \overline{\left(\frac{z - z_1}{\alpha}\right)} = 0$$

$$\overline{\alpha}(z - z_1) + \alpha(\overline{z} - \overline{z_1}) = 0$$

$$\overline{\alpha}z + \alpha\overline{z} = z_1\overline{\alpha} + \overline{z_1}\alpha$$

右辺は実数であるから c とおくと，$\overrightarrow{\mathrm{OA}}$ を法線ベクトルとする直線は

$$\overline{\alpha}z + \alpha\overline{z} = c$$

となります。

▶ $z_1\overline{\alpha}$ と $\overline{z_1}\alpha$ は共役な複素数なので，右辺は実数になります。

▶ xy 平面上で，$ax+by=c$ の法線ベクトルが (a, b) になっているのに似ていますね。$\overline{z}$ についているのが法線ベクトルです。

参考 $y = 2x + 1$ を z，$\overline{z}$ で表す場合は，$z = x + yi$ (x，y は実数) とおくと

$$x = \underbrace{\frac{z + \overline{z}}{2}}_{\text{実部}}, \ y = \underbrace{\frac{z - \overline{z}}{2i}}_{\text{虚部}}$$

を代入して

▶ x, y の式を z, $\overline{z}$ で表す方法です。

$$\frac{z - \overline{z}}{2i} = 2 \cdot \frac{z + \overline{z}}{2} + 1$$

$$-(z - \overline{z})i = 2(z + \overline{z}) + 2$$

$$(2+i)z + (2-i)\overline{z} = -2$$

(iv) 複素数平面上で原点Oと点αを結んだ線

分の**垂直二等分線**は

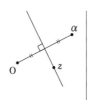

$|z-0|=|z-\alpha|$ より

$|z|^2=|z-\alpha|^2$

$z\overline{z}=(z-\alpha)(\overline{z}-\overline{\alpha})$

$\overline{\alpha}z+\alpha\overline{z}=|\alpha|^2$

◀ 原点Oと点αから等距離にある点の軌跡です。直線は垂直二等分線として捉えることもできます。

参考 直線の上下, 左右などの領域を表すには, 垂直二等分線で捉えるのが向いています。例えば, 領域 $x+y\geqq 1$ を表すには, 原点Oと $\alpha=1+i$ の垂直二等分線の上側と考え

$|z|\geqq|z-\alpha|$ ∴ $|z|\geqq|z-(1+i)|$

と捉えると表しやすくなります。

◀ 原点Oからの距離が点αからの距離より小さくない。

〈複素数平面上での直線〉

複素数平面上で, 複素数 1, $2+i$ を表す点をそれぞれ A, B とする。z が線分 AB 上をAからBまで動くとき, $z^2=u+vi$ (u, v は実数) とすると

$v=\boxed{}u^2-\boxed{}$, $\boxed{}\leqq u\leqq\boxed{}$

となる。

線分上の点をどう表したらいいでしょうか？ 今回は, パラメータ表示をイメージするのがいいようです。

解答 線分 AB 上の点 P(z) は,

$\overrightarrow{OP}=\overrightarrow{OA}+t\overrightarrow{AB}$ ($0\leqq t\leqq 1$) より

$z=1+t(1+i)$

∴ $z^2=(1+t+ti)^2$

$=2t+1+2t(t+1)i$

$=u+vi$

∴ $u=2t+1$, $v=2t(t+1)$

t を消去して, $v=\dfrac{1}{2}(u^2-1)=\dfrac{1}{2}u^2-\dfrac{1}{2}$

ただし, $0\leqq t\leqq 1$ より, $1\leqq u\leqq 3$

◀ 直線のベクトル表示をイメージします！

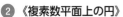

2 《複素数平面上の円》

(i) 原点を中心とし, 半径 r の円周上の点を P(z) とすると

$|\overrightarrow{OP}|=r \iff |z|=r$

成分表示すると

$\overrightarrow{OP}=r(\cos\theta, \sin\theta)$

なので, 複素数平面上では

◀ 円は中心からの距離が一定の点の軌跡ですが, 直接動きを捉えたりする場合は, パラメータ表示が有効です。ベクトル表示と複素数表示を対比させて覚えましょう。

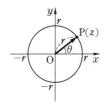

$$z = r(\cos\theta + i\sin\theta)$$

と表せます。

(ii) 中心 $\mathrm{A}(\alpha)$, 半径 r の円周上の点を $\mathrm{P}(z)$ とすると

$$|\overrightarrow{\mathrm{AP}}| = r \iff |\overrightarrow{\mathrm{OP}} - \overrightarrow{\mathrm{OA}}| = r$$

$$\iff |z - \alpha| = r$$

成分表示すると

$$\overrightarrow{\mathrm{OP}} = \overrightarrow{\mathrm{OA}} + r(\cos\theta,\ \sin\theta)$$

なので, 複素数平面上では

$$z = \alpha + r(\cos\theta + i\sin\theta)$$

と表せます。

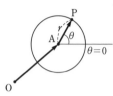

◀ 直線でも, 円でも, 全体で捉える場合は, 陰関数的な表示の $\alpha z + \overline{\alpha} z = c$ や $|z - \alpha| = r$, 動きを捉えたい場合は, パラメータ表示が向いています。問題にあった表記を用いましょう。

テーマ 34 | 1次分数変換

34 アプローチ

(1) 軌跡の問題です。$z = x + yi$ (x, y は実数) とおいて, 両辺を2乗するか, バー (共役複素数) で直接処理しましょう。

(2) $w = (-1+i)z + 3 + 3i$

$$= \sqrt{2}\left(\cos\frac{3}{4}\pi + i\sin\frac{3}{4}\pi\right)z + 3 + 3i \quad \cdots\cdots(*)$$

と見れば, w の軌跡は, z の軌跡を原点の周りに $\frac{3}{4}\pi$ だけ回転して $\sqrt{2}$ 倍に拡大し, さらに $3 + 3i$ だけ平行移動したものであると読めます。偏角に関しては, 図をかいて考えましょう。

◀ 動きが読めるタイプです。中心の動きと半径の変化を考えましょう。

(3) 1次分数変換による変換です。w の関係式が欲しいので, z を w の式で表して, (1)の結果の式 $|z + i| = 2$ に代入しましょう。

解答

(1) $|z - 3i| = 2|z|$ において, $z = x + yi$ (x, y は実数) とおくと $|x + (y-3)i| = 2|x + yi|$ から

$$x^2 + (y-3)^2 = 4(x^2 + y^2)$$

$$3x^2 + 3y^2 + 6y = 9$$

$$x^2 + y^2 + 2y = 3$$

$$x^2 + (y+1)^2 = 4$$

◀ $z = x + yi$ を代入すると大変な計算になる場合もあるので, 代入するタイミングに注意しましょう。

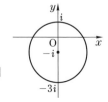

より, z の軌跡は, 中心 $-i$, 半径2の円
図示すると, 右の図のようになる。

別解 ［バーの利用］

両辺を2乗して，$|z-3i|^2=4|z|^2$

$$(z-3i)\overline{(z-3i)}=4z\bar{z} \qquad (z-3i)(\bar{z}+3i)=4z\bar{z}$$

$$3z\bar{z}-3iz+3i\bar{z}=9 \qquad z\bar{z}-iz+i\bar{z}=3$$

$$(z+i)(\bar{z}-i)=4 \qquad (z+i)\overline{(z+i)}=4$$

$$|z+i|^2=4 \qquad \therefore \quad |z+i|=2$$

よって，z の軌跡は，**中心 $-i$，半径2の円**

\ちょっと/ 一言

〈アポロニウスの円〉

0でない実数 m，n に対して，定点 A，B，動点 P が AP：BP＝m：n（$m\neq n$）を満たして動くとき，点Pの軌跡は，線分 AB をそれぞれ m：n に内分する点Qと外分する点Rを結んだ線分 QR を直径とする円となる。

◀ $m=n$ すなわち AP：BP＝1：1 のときは，Pの軌跡は線分 AB の垂直二等分線です。

この事実を利用すると，

A($3i$)，P(z) に対して

$$AP=2OP$$
$$AP：OP＝2：1$$

OA を1：2に内分する点をB(i)，OA を1：2に外分する点をC($-3i$) とすると，BC を直径とする円となり，答えと一致することが確認できます。

◀ 内分点，外分点が簡単に求まるときは，これを利用して求めてもいいでしょう。

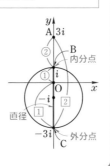

(2) $w=(-1+i)z+3+3i=\sqrt{2}\left(\cos\dfrac{3}{4}\pi+i\sin\dfrac{3}{4}\pi\right)z+3+3i$

より，w は，z を原点の周りに $\dfrac{3}{4}\pi$ だけ回転して $\sqrt{2}$ 倍に拡大し，さらに $3+3i$ だけ平行移動したものである。したがって，**w の軌跡は中心 $-i(-1+i)+3+3i=4+4i$，半径 $2\sqrt{2}$ の円**である。また，右の図のように，この円の中心を A，Oからこの円に引いた接線と円の接点を H_1，H_2 とすると，OA：AH_1＝2：1 から

$$\angle AOH_1=\angle AOH_2=\dfrac{\pi}{6}$$

◀ $w=\alpha z+\beta$ 型は動きが読めます。中心の動きをチェックし，半径を $\sqrt{2}$ 倍します。計算でする場合は，$z=\dfrac{w-3-3i}{-1+i}$ として，$|z+i|=2$ に代入するか $z=-i+2(\cos\theta+i\sin\theta)$ を左の w の式に代入します。

◀ 図から偏角の範囲を読み取りましょう。

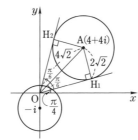

$$\therefore \quad \frac{\pi}{4}-\frac{\pi}{6}\leq \arg w \leq \frac{\pi}{4}+\frac{\pi}{6} \qquad \therefore \quad \frac{\pi}{12}\leq \arg w \leq \frac{5}{12}\pi$$

(3) $|z+i|=2, \ z\neq i$ ……①

◀ z を w の式で表して代入します。

$$w=\frac{z+i}{z-i} \ \text{より}, \ w(z-i)=z+i$$

$$z(w-1)=(w+1)i$$

$$z=\frac{w+1}{w-1}i \ (w\neq 1)$$

①に代入して

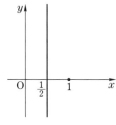

$$\left|\frac{w+1}{w-1}i+i\right|=2 \qquad \left|\frac{2w}{w-1}i\right|=2$$

$$|w|=|w-1|$$

より，O(0)，B(1) とすると，**w の軌跡は，線分 OB の垂直二等分線**

図示すると，右の図のようになる。

◀ 原点と点 1 からの距離が等しいので，垂直二等分線 $x=\frac{1}{2}$ になります。

重要ポイント 総整理!

以上の解法が，1次分数変換における主な処理法ですが，その他にも色々な変換があります。どんな変換か，何に対して行うかでやり方やおき方が変わってきます。

〈極形式の利用〉

複素数 z と w の間に $w=z+\frac{1}{z}$ という関係がある。z が $\arg z=\frac{\pi}{6}$ を満たして動くとき，w の描く曲線を図示せよ。

こちらは，$\arg z$ が条件なので，極形式が向いています。

◀ z の1次式でないので，z を w で表すのは辛いです。このような場合，$z=x+yi$ か極形式がよいが，偏角が条件であることから，極形式が有効です。

解答 $\arg z=\frac{\pi}{6}, \ z\neq 0$ より

$$z=r\left(\cos \frac{\pi}{6}+i\sin \frac{\pi}{6}\right) \ (r>0) \ \text{とおくと}$$

$$w=r\cdot \frac{\sqrt{3}+i}{2}+\frac{1}{r}\cdot \frac{\sqrt{3}-i}{2}=\frac{\sqrt{3}}{2}\left(r+\frac{1}{r}\right)+i\cdot \frac{1}{2}\left(r-\frac{1}{r}\right)$$

$w=x+yi \ (x, \ y \ \text{は実数}) \ \text{とおくと}$

$$x=\frac{\sqrt{3}}{2}\left(r+\frac{1}{r}\right), \ y=\frac{1}{2}\left(r-\frac{1}{r}\right)$$

$$\frac{2}{\sqrt{3}}x=r+\frac{1}{r} \ \cdots\cdots①, \ 2y=r-\frac{1}{r} \ \cdots\cdots②$$

◀ ①かつ② $\iff$ ①+② かつ ①-② を用いて同値変形をしています。

①＋② より，$\dfrac{2}{\sqrt{3}}x+2y=2r$

①－② より，$\dfrac{2}{\sqrt{3}}x-2y=\dfrac{2}{r}$

辺々かけて

$$\dfrac{4}{3}x^2-4y^2=4 \quad かつ \quad \dfrac{2}{\sqrt{3}}x+2y>0 \quad かつ \quad \dfrac{2}{\sqrt{3}}x-2y>0$$

よって，求める軌跡は，双曲線

◀ 双曲線の右側になります。

$$\dfrac{x^2}{3}-y^2=1 \quad かつ \quad -\dfrac{x}{\sqrt{3}}<y<\dfrac{x}{\sqrt{3}}$$

図示すると，右の図のようになる。

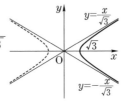

〈反転〉

$w=\dfrac{1}{z}$ によって，円 $|z-1|=1$ $(z\neq0)$ はどのような図形に移されるか。

複素数平面上の原点Oとは異なる点 $P(z)$ に対して，半直線 OP 上に $Q(w)$ をとります。このとき，$OP\cdot OQ=r^2$ を満たす P から Q への変換を，原点 O を中心とする半径 r の円に関する**反転**といいます。

◀ 反転はよく出題されます。

特に，$r=1$ のときの半径 1 の円に関する反転を考えてみると

$OP\cdot OQ=1$ より，$OQ=\dfrac{1}{OP}$

これより，例えば

$OP=2$ ならば，$OQ=\dfrac{1}{2}$ 　 [$OP>1$ なら $OQ<1$ に]

$OP=\dfrac{1}{3}$ ならば，$OQ=3$ 　 [$OP<1$ なら $OQ>1$ に]

$OP=1$ ならば，$OQ=1$ となり，変わりません。

つまり，単位円の外側の点は内側に，内側の点は外側に，単位円周上の点は不動点となり，これが全方向で成立するので，単位円の外の世界と中の世界が反転します。

◀ 単位円の内側と外側が反転するイメージが持てますか？

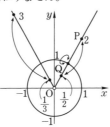

単位円に関する反転を表す式は,

$OQ = \dfrac{1}{OP}$ から

$$\overrightarrow{OQ} = OQ \times \underbrace{\dfrac{\overrightarrow{OP}}{OP}}_{\text{単位ベクトル}} = \dfrac{1}{OP^2}\overrightarrow{OP}$$

$$\therefore \quad w = \dfrac{z}{|z|^2} = \dfrac{z}{z\bar{z}} = \dfrac{1}{\bar{z}}$$

となります。

解答 $w = \dfrac{1}{\bar{z}}$ より, $\bar{z} = \dfrac{1}{w}$

$$\therefore \quad z = \dfrac{1}{\overline{\left(\dfrac{1}{w}\right)}}$$

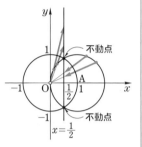

$|z-1|=1$ に代入すると

$$\left| \dfrac{1}{\bar{w}} - 1 \right| = 1 \quad \therefore \quad \overline{\left| \dfrac{1}{\bar{w}} - 1 \right|} = 1$$

$$\therefore \quad \left| \dfrac{1}{w} - 1 \right| = 1$$

$$\therefore \quad \left| \dfrac{1-w}{w} \right| = 1$$

$$\therefore \quad |w-1| = |w|$$

よって, A(1) とすると, w の軌跡は, **線分 OA の垂直二等分線**
となる。

◀ 反転により, 原点を通らない円は円に, 原点を通る円は直線に移ることが知られています。今回は原点を通る円なので, 原点に近い点が無限の彼方に行き, 単位円との2交点は不動点なので, 2つの不動点が固定されたまま, 円が開いて, 直線に移るのをイメージできると最高です。

原点を中心とする半径 r の円に円上にない点Pから引いた2接線の接点をそれぞれ A, B とし, AB と OP の交点をQとすると, $\triangle OAP \backsim \triangle OQA$ より

$$OP : OA = OA : OQ$$

$$OP : r = r : OQ$$

$$\therefore \quad OP \times OQ = r^2$$

となり, P と Q は反転の対応になっています。

◀ これはよく出題されますので, 押さえておきましょう。

放物線の定義

35 アプローチ

　パラボラアンテナの原理の証明問題です。\ちょっと/一言 も参照
して，放物線の定義と性質を押さえてください。

解答

(1) $y=\dfrac{1}{2}x^2$ より

$$x^2=4\cdot\dfrac{1}{2}\cdot y$$

よって

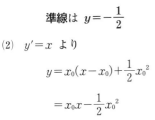

焦点 F は $\left(0,\ \dfrac{1}{2}\right)$

準線は $y=-\dfrac{1}{2}$

◀ 放物線 $x^2=4py$ の
　焦点は $(0,\ p)$ です。

(2) $y'=x$ より

$$y=x_0(x-x_0)+\dfrac{1}{2}x_0{}^2$$

$$=x_0 x-\dfrac{1}{2}x_0{}^2$$

$$\therefore\quad \boldsymbol{y=x_0 x-\dfrac{1}{2}x_0{}^2}$$

◀ $y_0=\dfrac{1}{2}x_0{}^2$ です。

(3) PR $/\!/\ y$ 軸 より，$\angle\mathrm{RPS}=\angle\mathrm{FQP}$ であるから

$$\angle\mathrm{FQP}=\angle\mathrm{FPQ}$$

が成り立つことを示せば，題意が成り立つことを証明できる。

　ここで，$\mathrm{Q}\left(0,\ -\dfrac{1}{2}x_0{}^2\right)$ より

$$\mathrm{FQ}=\dfrac{1}{2}+\dfrac{1}{2}x_0{}^2=\dfrac{1}{2}(x_0{}^2+1)$$

$$\mathrm{FP}=\sqrt{x_0{}^2+\left(\dfrac{1}{2}x_0{}^2-\dfrac{1}{2}\right)^2}=\sqrt{\dfrac{1}{4}x_0{}^4+\dfrac{1}{2}x_0{}^2+\dfrac{1}{4}}$$

$$=\sqrt{\dfrac{1}{4}(x_0{}^2+1)^2}=\dfrac{1}{2}(x_0{}^2+1)$$

◀ これは放物線の定義
　PF＝PH を使うと楽に
　なります。

　\ちょっと/一言 を参照！

　よって，△FPQ は FQ＝FP の二等辺三角形であるから，
$\angle\mathrm{FQP}=\angle\mathrm{FPQ}$ である。

　したがって，$\angle\mathrm{RPS}=\angle\mathrm{FPQ}$ である。

\ちょっと/
一言

解答では，(3)を計算で解きましたが，Pから準線に下ろした垂線をPHとすると，定義から

PF＝PH，さらに，

$$FQ=PH=\frac{1}{2}x_0{}^2+\frac{1}{2}$$ より

FQ＝FP がわかります。

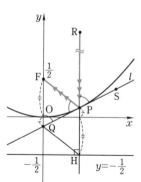

◀ パラボラアンテナの原理の説明です。パラボラアンテナは，回転放物面です。

ちなみに，PH∥FQ より，四角形FQHPはひし形になっています。これより，十分遠い点Rから準線に垂直に進んできた電波は，∠RPS＝∠FPQ より放物線上のPで反射して，Fへ到達しますが，放物線の定義から

$$RP+PF=RP+PH=RH$$

となり，放物線上のどこで反射しても，すべてRHだけ進むことになり，同時にFに到達することがわかります。衛星放送などを受信するパラボラアンテナ（回転放物面）は，この原理を使っています。また，自動車のヘッドライトはこの逆の考え方を使っています。

◀ このとき，
入射角＝反射角 となっています。

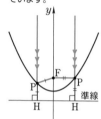

重要ポイント 総整理！

① 《放物線の定義》

> 定点F（焦点）とFを通らない定直線 l（準線）から等距離にある点の軌跡

① 焦点 F$(p,\ 0)$，準線 $x=-p$
$(p\neq0)$ の放物線上の点を
P$(x,\ y)$ とおき，点Pから準線に下ろした垂線をPHとすると

$$PF=PH$$

より

$$\sqrt{(x-p)^2+y^2}=|x+p|$$
$$(x-p)^2+y^2=(x+p)^2$$
$$y^2=4px$$

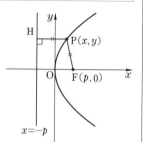

◀ 放物線の定義です。

また，放物線上の点 $(x_1, \ y_1)$ における接線の方程式は

$$y_1 y = 2p(x + x_1)$$

◀ 接線は通常，微分法を利用して求めます。

② 焦点 $F(0, \ p)$，準線 $y = -p$

$(p \neq 0)$ の放物線上の点を

$P(x, \ y)$ とおき，点Pから準線

に下ろした垂線を PH とすると

$$PF = PH$$

より

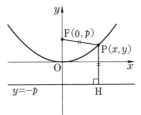

◀ 放物線の定義です。

$$\sqrt{x^2 + (y-p)^2} = |y + p|$$
$$x^2 + (y-p)^2 = (y+p)^2$$
$$x^2 = 4py$$

また，放物線上の点 $(x_1, \ y_1)$ における接線の方程式は

$$x_1 x = 2p(y + y_1)$$

② 《離心率》

平面上で，定直線 l と l 上にない定点Fに対して，点Pから直線 l に下ろした垂線を PH としたとき，点Pが

$$PF = e PH \quad (e \text{ は正の定数})$$

を満たすとする。このとき，点Pの軌跡は

$\begin{cases} e = 1 \text{ ならば，放物線} \\ 0 < e < 1 \text{ ならば，楕円} \\ e > 1 \text{ ならば，双曲線} \end{cases}$

◀ e を離心率といいます。このように，2次曲線を統一的に定義することもできます。

となります。例えば，$F(0, \ 0)$，$l : x = -a \ (a > 0)$，$P(x, \ y)$ とすると，$PF = e PH$ より，$\sqrt{x^2 + y^2} = e|x + a|$

両辺を2乗して $x^2 + y^2 = e^2 (x + a)^2$

$$(1 - e^2) x^2 + y^2 - 2e^2 a x - e^2 a^2 = 0 \quad \cdots\cdots (*)$$

① $1 - e^2 = 0$ すなわち $e = 1$ のとき

$$y^2 = 2a\left(x + \frac{a}{2}\right) \text{ より，放物線}$$

② $1 - e^2 \neq 0$ のとき

$(*)$ は，$(1 - e^2)\left(x - \dfrac{e^2 a}{1 - e^2}\right)^2 + y^2 = \dfrac{e^2 a^2}{1 - e^2}$

$$\frac{\left(x - \dfrac{e^2 a}{1 - e^2}\right)^2}{\dfrac{e^2 a^2}{(1 - e^2)^2}} + \frac{y^2}{\dfrac{e^2 a^2}{1 - e^2}} = 1$$

となりますが，$1 - e^2$ の符号で場合分けをすると

◀ $1 - e^2 > 0$ なら，x^2 と y^2 の係数は同符号だから楕円，$1 - e^2 < 0$ なら，x^2 と y^2 の係数は異符号だから双曲線になるイメージです。この話題もよく出題されるので，分類できるようにしておきましょう。

(ⅰ) $1-e^2>0$ すなわち $0<e<1$ のとき

$$\dfrac{\left(x-\dfrac{e^2a}{1-e^2}\right)^2}{\left(\dfrac{ea}{1-e^2}\right)^2}+\dfrac{y^2}{\left(\dfrac{ea}{\sqrt{1-e^2}}\right)^2}=1 \text{ より, 楕円}$$

(ⅱ) $1-e^2<0$ すなわち $e>1$ のとき

$$\dfrac{\left(x-\dfrac{e^2a}{1-e^2}\right)^2}{\left(\dfrac{ea}{e^2-1}\right)^2}-\dfrac{y^2}{\left(\dfrac{ea}{\sqrt{e^2-1}}\right)^2}=1 \text{ より, 双曲線}$$

と分類できます。

テーマ 36 │ 楕円の定義

36 アプローチ

(1) 楕円の定義を利用しましょう。

(2) 辺の長さの2乗の和と OP の関係をイメージして, (1)に加え, 中線定理を用いましょう。

◀ 定義については
重要ポイント 総整理! ❶を参照して, しっかり押さえましょう。

〈中線定理〉

△ABC において, BC の中点を
M とすると

$$\mathbf{AB}^2+\mathbf{AC}^2=2(\mathbf{AM}^2+\mathbf{MB}^2)$$

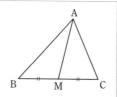

◀ 辺の長さの2乗の和が出てきたら, 中線定理の出番ですが, 気づかなければ2点間の距離公式を用いて計算しましょう。

(3) $\angle \mathrm{F'PF}=\dfrac{\pi}{3}$, $\mathrm{PF}^2+\mathrm{PF}'^2$ の値を利用するために, △PFF' で余弦定理を用いましょう。P の座標は, 楕円のパラメータ表示を利用するのがよいでしょう。

◀ 重要ポイント 総整理! ❶を参照!

解答

(1) 楕円の定義より

$$\mathbf{PF}+\mathbf{PF}'=10 \quad \cdots\cdots①$$

(2) $\mathrm{OF}=4$, $\mathrm{OP}=a\ (>0)$

中線定理より

$$\mathbf{PF}^2+\mathbf{PF}'^2=2(\mathrm{OP}^2+\mathrm{OF}^2)$$
$$=2(a^2+4^2)=2(a^2+16) \quad \cdots\cdots②$$

◀ PF+PF'=(長軸の長さ) です。

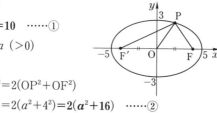

◀ 中線定理を利用しました。

また

$$(PF+PF')^2 = PF^2 + PF'^2 + 2PF \cdot PF'$$

◀ $a^2+b^2=(a+b)^2-2ab$ をイメージして，(1)の結果を利用します。

と①，②より

$$10^2 = 2(a^2+16) + 2PF \cdot PF' \qquad \therefore \quad \mathbf{PF \cdot PF' = 34 - a^2}$$

(3) △PFF′ で余弦定理を用いて

◀ 余弦定理を利用します。

$$FF'^2 = PF^2 + PF'^2 - 2PF \cdot PF' \cos\frac{\pi}{3}$$

$$8^2 = 2(a^2+16) - (34-a^2) \qquad \therefore \quad a^2 = 22 \qquad \therefore \quad \mathbf{a = \sqrt{22}}$$

また，$P(5\cos\theta, \ 3\sin\theta)$ とおくと，$OP = \sqrt{22}$ より

◀ $OP = \sqrt{22}$ より，$P(x, \ y)$ は $x^2+y^2=22$ を満たします。これと楕円の式を連立してもオッケーです。

$$25\cos^2\theta + 9\sin^2\theta = 22$$

$$25\cos^2\theta + 9(1-\cos^2\theta) = 22 \qquad \therefore \quad \cos^2\theta = \frac{13}{16}$$

Pは第1象限にあるから，$0 < \theta < \dfrac{\pi}{2}$ より

$$\cos\theta = \frac{\sqrt{13}}{4}, \quad \sin\theta = \frac{\sqrt{3}}{4}$$

よって，$\mathbf{P\left(\dfrac{5\sqrt{13}}{4}, \ \dfrac{3\sqrt{3}}{4}\right)}$

◀ $(5\cos\theta, \ 3\sin\theta)$ に代入します。

重要ポイント 総整理！

① 《楕円の定義》

| 2点 F，F′ (焦点) からの距離の和が一定である点の軌跡 |

◀ 2つの画びょうに糸をつけて，ピンと張りながら鉛筆を動かした軌跡です。

① 楕円の方程式

(i) $\dfrac{x^2}{a^2} + \dfrac{y^2}{b^2} = 1 \ (a > b > 0)$

定義から

$$\mathbf{PF + PF' = 2a} \ \textbf{(長軸の長さ)}$$

焦点を $F(c, 0)$，$F'(-c, 0)$ とすると

$$\mathbf{c^2 = a^2 - b^2}$$

(ii) $\dfrac{x^2}{a^2} + \dfrac{y^2}{b^2} = 1 \ (b > a > 0)$

定義から

$$\mathbf{PF + PF' = 2b} \ \textbf{(長軸の長さ)}$$

焦点を $F(0, c)$，$F'(0, -c)$ とすると

$$\mathbf{c^2 = b^2 - a^2}$$

また，楕円上の点 (x_1, y_1) における接線の方程式は

$$\frac{x_1 x}{a^2} + \frac{y_1 y}{b^2} = 1$$

◀ $x^2 \to x_1 x$, $y^2 \to y_1 y$ と
イメージしましょう。

\ ちょっと / 一言

(i)で $PF + PF' = 2a$（長軸
の長さ）となるのは，P の座
標が $(a, 0)$ となったときを
考えると確認できます。

◀ なぜかをしっかりイメー
ジして覚えましょう！
暗記はダメですよ。(ii)で
も同様に考えられます。

また，$c^2 = a^2 - b^2$ となる
のは，P の座標が $(0, b)$ とな
ったときを考えると，図の直
角三角形から

$$c^2 = a^2 - b^2$$

が確認できます。

② 楕円 $\dfrac{x^2}{a^2} + \dfrac{y^2}{b^2} = 1$ は，

円 $x^2 + y^2 = a^2$ を y 軸方向

に $\dfrac{b}{a}$ 倍したものです。円

$x^2 + y^2 = a^2$ 上の点を

$P(x, y)$，これを y 軸方向

に $\dfrac{b}{a}$ 倍した点を $P'(x', y')$

とすると

◀ 楕円は，円をつぶしたも
のです。

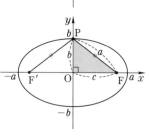

$$x' = x, \quad y' = \frac{b}{a} y \qquad \therefore \quad x = x', \quad y = \frac{a}{b} y'$$

これを $x^2 + y^2 = a^2$ に代入して

$$x'^2 + \left(\frac{a}{b} y'\right)^2 = a^2 \qquad \therefore \quad \frac{x'^2}{a^2} + \frac{y'^2}{b^2} = 1$$

また，円 $x^2 + y^2 = a^2$ 上の点は $(a\cos\theta, a\sin\theta)$ と表せる

から，y を $\dfrac{b}{a}$ 倍すると，楕円 $\dfrac{x^2}{a^2} + \dfrac{y^2}{b^2} = 1$ 上の点は

$$(a\cos\theta, \ b\sin\theta)$$

と表せます。もちろん，楕円の面積は円の面積の $\dfrac{b}{a}$ 倍とな

◀ 楕円のパラメータ表示で
す！

り，$\pi a^2 \times \dfrac{b}{a} = \boldsymbol{\pi ab}$ です。積分で表すと

$$2\int_{-a}^{a}\sqrt{b^2\left(1-\dfrac{x^2}{a^2}\right)}\,dx = 2\int_{-a}^{a}\dfrac{b}{a}\sqrt{a^2-x^2}\,dx$$

$$= \dfrac{b}{a}\times(\text{半径}\,a\,\text{の円の面積})$$

◁ 半径 a の半円 $y=\sqrt{a^2-x^2}$ を y 軸方向 に $\dfrac{b}{a}$ 倍したものである ことが確認できます。

のように計算でも確認できます。

〈楕円の面積〉

2 つの不等式 $3x^2+y^2\leqq 3$，$y\geqq x-1$ を同時に満たす xy 平面の領域の面積を求めよ。

(東北大)

楕円 $\longrightarrow$ 円に変換して考えましょう。

◁ 楕円が絡んだ面積では，円に変換して考えるとよい問題が多いです。

解答 $\begin{cases} 3x^2+y^2\leqq 3 \\ y\geqq x-1 \end{cases}$ ……(*)

(*) 上の点 $(x,\ y)$ を y 軸方向に

$\dfrac{1}{\sqrt{3}}$ 倍した点を $(X,\ Y)$ とすると

$\begin{cases} X=x \\ Y=\dfrac{1}{\sqrt{3}}y \end{cases}$ ∴ $y=\sqrt{3}\,Y$

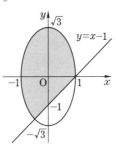

(*) に代入して

$\begin{cases} X^2+Y^2\leqq 1 \\ \sqrt{3}\,Y\geqq X-1 \end{cases}$

∴ $Y\geqq\dfrac{1}{\sqrt{3}}X-\dfrac{1}{\sqrt{3}}$

図示すると，この領域の面積は

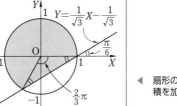

◁ 扇形の面積と三角形の面積を加えます。

$$\pi\times 1^2\times\dfrac{2}{3}+\dfrac{1}{2}\times 1^2\times\sin\dfrac{2}{3}\pi$$

$$=\dfrac{2}{3}\pi+\dfrac{\sqrt{3}}{4}$$

よって，求める面積は

$$\left(\dfrac{2}{3}\pi+\dfrac{\sqrt{3}}{4}\right)\times\sqrt{3}=\dfrac{2\sqrt{3}}{3}\pi+\dfrac{3}{4}$$

◁ $\sqrt{3}$ 倍して元に戻します。

② 《楕円の性質》

> 焦点 F, F' をもつ楕円上の任意の点 P における法線は
> ∠F'PF を 2 等分する。

36 の問題の楕円 $\dfrac{x^2}{25}+\dfrac{y^2}{9}=1$ で確

かめてみると

$$y^2=9\left(1-\dfrac{x^2}{25}\right)$$

F$(4,\ 0)$, F'$(-4,\ 0)$ であるから,

P$(x_1,\ y_1)$ とすると

$$\mathrm{FP}^2=(x_1-4)^2+y_1{}^2$$

$$=(x_1-4)^2+9\left(1-\dfrac{x_1{}^2}{25}\right)$$

$$=\dfrac{1}{25}(16x_1{}^2-2\cdot4\cdot25x_1+25^2)=\dfrac{1}{25}(4x_1-25)^2$$

よって, $\mathrm{FP}=\dfrac{1}{5}|4x_1-25|$

同様に, $\mathrm{F'P}=\dfrac{1}{5}|4x_1+25|$

また, P における接線の方程式は, $\dfrac{x_1x}{25}+\dfrac{y_1y}{9}=1$

以下, $x_1\neq0$, $y_1\neq0$ とすると, その傾きは $-\dfrac{9x_1}{25y_1}$

よって, P における法線の方程式は

$$y=\dfrac{25y_1}{9x_1}(x-x_1)+y_1=\dfrac{25y_1}{9x_1}x-\dfrac{16}{9}y_1$$

これと x 軸の交点を A とすると, A$\left(\dfrac{16}{25}x_1,\ 0\right)$ であるから

$$\mathrm{AF'}:\mathrm{AF}=\left|\dfrac{16}{25}x_1+4\right|:\left|\dfrac{16}{25}x_1-4\right|$$

$$=|4x_1+25|:|4x_1-25|$$

$$=\mathrm{F'P}:\mathrm{FP}$$

よって, 角の二等分線の性質から, P における法線は ∠F'PF
を 2 等分することがわかります。これは $x_1=0$ や $y_1=0$ のとき
も成り立ちます。

◀ 焦点から出た光や電波は
楕円上の点で反射した後,
もう 1 つの焦点に向かい
ます。

これは, 体内にできた結
石などを粉砕する装置に
応用されています。

◀ FP^2 の計算で x_1 の係数
をマイナスにしましょう。

◀ いろいろな証明があります
が, 角の二等分線の性
質を利用しました。

テーマ 37 | 双曲線の定義

37 アプローチ

2円が外接するとき，中心間の距離は半径の和です。円 C_2 の中心を A，円 C の中心を P，円 C の半径はわからないので r とすると

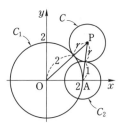

◀ 定義に気づくと計算が回避できます。

OP$=2+r$

AP$=1+r$

r を消去すれば OP$-$AP$=1$ となり，双曲線の定義が現れます。

解答

円 C_2 の中心を A，円 C の中心を P，半径を r とすると，アプローチ の図から

OP$=2+r$ ……① AP$=1+r$ ……②

①$-$② より，OP$-$AP$=1$ ……③

であるから，P の軌跡は中心 $(1, 0)$，焦点 O，A の双曲線である。

よって，$\dfrac{(x-1)^2}{a^2}-\dfrac{y^2}{b^2}=1$ $(a>0, b>0)$

とおくことができ，③より，$2a=1$ ∴ $a=\dfrac{1}{2}$

また，$a^2+b^2=1^2$ より，$b=\dfrac{\sqrt{3}}{2}$

よって，$\dfrac{(x-1)^2}{\left(\dfrac{1}{2}\right)^2}-\dfrac{y^2}{\left(\dfrac{\sqrt{3}}{2}\right)^2}=1$ ……$(*)$

となるが，③より，$x>1$ であり，かつ円 C_1, C_2 の外部の部分となる。

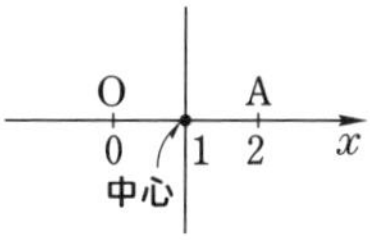

したがって，円 C_1 と C_2 の交点が $\left(\dfrac{7}{4}, \pm\dfrac{\sqrt{15}}{4}\right)$ であることに注意すると，円 C の中心Pの軌跡は

双曲線 $(*)$ の $x>\dfrac{7}{4}$ の部分 (右の図) である。

◀ 双曲線の定義 OP$-$AP>0 より右半分で，中心は OA の中点 $(1, 0)$，$\dfrac{OA}{2}=1$ です。

◀ 2円に外接する円Cを小さくしていくと，その中心は2円の交点に近づいていきます。よって，軌跡の双曲線は，2円の交点を通ることがわかります。

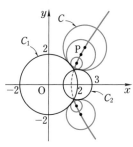

\ちょっと/
一言

円 C_1 を $x^2+y^2=9$，円 C_2 を $(x-1)^2+y^2=1$ として，円 C が C_1 に内接して，C_2 に外接する場合の円 C の中心の軌跡はどうなるでしょうか？

円 C_2 の中心を A，円 C の中心を P，半径を r とすると

$$OP=3-r, \quad AP=1+r$$

r を消去して，$OP+AP=4$

こちらは，中心 $\left(\dfrac{1}{2}, 0\right)$，焦点が

O，A の楕円となるので

$$\frac{\left(x-\dfrac{1}{2}\right)^2}{a^2}+\frac{y^2}{b^2}=1$$

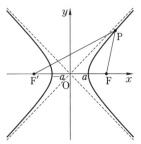

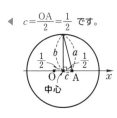

◀ $c=\dfrac{OA}{2}=\dfrac{1}{2}$ です。

とおくと

$$2a=4 \quad \therefore \quad a=2$$

$$a^2-b^2=\left(\frac{1}{2}\right)^2 \quad \therefore \quad b^2=\frac{15}{4}$$

となり

$$\frac{\left(x-\dfrac{1}{2}\right)^2}{4}+\frac{y^2}{\dfrac{15}{4}}=1 \qquad \therefore \quad \frac{\left(x-\dfrac{1}{2}\right)^2}{4}+\frac{4}{15}y^2=1$$

◀ 長軸の長さ 4，短軸の長さ $\sqrt{15}$ の楕円となります。

となります。

重要ポイント 総整理！

❶ 《双曲線の定義》

> 2 定点 F，F′（焦点）からの距離の差が一定である点の軌跡

◀ 定義をしっかり押さえましょう！

① $\dfrac{x^2}{a^2}-\dfrac{y^2}{b^2}=1 \ (a>0, \ b>0)$

焦点を F$(c, 0)$，F′$(-c, 0)$
とすると

$$|PF-PF'|=2a$$
$$c^2=a^2+b^2$$

◀ 定義です。

② $\dfrac{x^2}{a^2} - \dfrac{y^2}{b^2} = -1 \ (a>0, \ b>0)$

焦点を $F(0, \ c)$, $F'(0, \ -c)$

とすると

$$|PF - PF'| = 2b$$
$$c^2 = a^2 + b^2$$

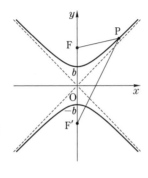

◀ 定義です。

①, ②ともに, 漸近線の方程式

は, $\dfrac{x^2}{a^2} - \dfrac{y^2}{b^2} = 0$ として

$$y = \pm \dfrac{b}{a}x$$

また, 双曲線上の点 $(x_1, \ y_1)$ における接線の方程式は

$$\dfrac{x_1 x}{a^2} - \dfrac{y_1 y}{b^2} = \pm 1$$

◀ $x^2 \to x_1 x, \ y^2 \to y_1 y$ と
イメージしましょう。

\ちょっと/ 一言

❶ $|PF - PF'| = 2a$ となるのは, P の座標が $(a, \ 0)$ になったと

きを考えると確認できます。

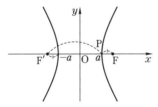

◀ 定義はイメージして覚え
ましょう!

❷ $c^2 = a^2 + b^2$ となるのは, 図の長方形でイメージしておくと

よいでしょう。

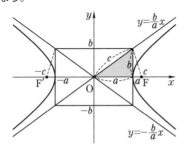

◀ 色を塗った直角三角形の
斜辺が c になっています。

❸ 漸近線については，$x \to \infty$ とすると

$\dfrac{x^2}{a^2} - \dfrac{y^2}{b^2} = 1$ より，$\dfrac{x^2}{a^2} \to \infty$，$\dfrac{y^2}{b^2} \to \infty$ なので，

$\dfrac{x^2}{a^2} \fallingdotseq \dfrac{y^2}{b^2}$（ほとんど同じ）と考えることができ，$y = \pm \dfrac{b}{a}x$ にな

ります。

◀ すごく大きい数どうしの差が１ということは，２数はほとんど同じとみていいですよね。

❷ 《双曲線の性質》

双曲線にもいろいろな性質があります。少し紹介しますと…。

〈性質１〉

焦点 F，F′ をもつ双曲線上の任意の点Pにおける接線は ∠F′PF を２等分する。

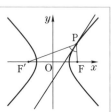

◀ 具体的に
$\dfrac{x^2}{16} - \dfrac{y^2}{9} = 1$ などとして，
是非チャレンジしてみてください。

36 の 重要ポイント 総整理! ❷ の《楕円の性質》で証明した方法と全く同じように証明できます。

〈性質２〉

双曲線 $\dfrac{x^2}{a^2} - \dfrac{y^2}{b^2} = 1$ $(a > 0,\ b > 0)$

上の点Pにおける接線が２つの漸近線と交わる点を A，B とするとき，△OAB の面積は点Pの位置とは無関係に一定である。

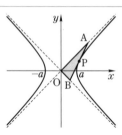

◀ 是非証明してみてください。よい計算練習になります。

【証明】　点Pの座標を $(x_1,\ y_1)$ とおくと

$$\dfrac{x_1{}^2}{a^2} - \dfrac{y_1{}^2}{b^2} = 1$$
$$b^2 x_1{}^2 - a^2 y_1{}^2 = a^2 b^2 \quad \cdots\cdots(*)$$

点Pにおける接線の方程式は

$$\dfrac{x_1 x}{a^2} - \dfrac{y_1 y}{b^2} = 1 \quad \cdots\cdots①$$

漸近線の方程式は

$$y = \dfrac{b}{a}x \quad \cdots\cdots②,\quad y = -\dfrac{b}{a}x \quad \cdots\cdots③$$

①と②を連立して

$$\dfrac{x_1 x}{a^2} - \dfrac{y_1}{b^2} \cdot \dfrac{b}{a}x = 1$$

◀ $(x_1,\ y_1)$ とおいたら，必ず代入した式を書いておきましょう。

◀ 接線の公式です。

◀ 漸近線です。

$$bx_1x - ay_1x = a^2b$$

$bx_1 - ay_1 \neq 0$ より， $x = \dfrac{a^2b}{bx_1 - ay_1}$

◀ $P(x_1,\ y_1)$ は漸近線上に
ないので，$\dfrac{x_1{}^2}{a^2} \neq \dfrac{y_1{}^2}{b^2}$ よ
り，$bx_1 \pm ay_1 \neq 0$

よって，①，②の交点Aの座標は

$$\left(\dfrac{a^2b}{bx_1 - ay_1},\ \dfrac{ab^2}{bx_1 - ay_1} \right)$$

同様に計算すると，①，③の交点Bの座標は

$$\left(\dfrac{a^2b}{bx_1 + ay_1},\ \dfrac{-ab^2}{bx_1 + ay_1} \right)$$

よって，△OAB の面積は

◀ \ちょっと/ 一言 を参照！

$$\dfrac{1}{2} \left| \dfrac{a^2b}{bx_1 - ay_1} \cdot \dfrac{-ab^2}{bx_1 + ay_1} - \dfrac{ab^2}{bx_1 - ay_1} \cdot \dfrac{a^2b}{bx_1 + ay_1} \right|$$

$$= \dfrac{1}{2} \left| \dfrac{-2a^3b^3}{b^2x_1{}^2 - a^2y_1{}^2} \right| = \dfrac{1}{2} \left| \dfrac{-2a^3b^3}{a^2b^2} \right| = ab \quad (\text{一定})$$

◀ （＊）を利用しました。

\ちょっと/ 一言

$\overrightarrow{OA} = (a,\ b)$，$\overrightarrow{OB} = (c,\ d)$ で張られる △OAB の面積が
$\dfrac{1}{2}|ad - bc|$ であることを利用しました。

テーマ **38** 準円

アプローチ

P(X, Y) から楕円に引いた接線を $y=m(x-X)+Y$ とおき、楕円と連立した方程式が重解をもつことから、傾き m の条件を求めましょう。さらに、2接線が直交するので、傾きの積が -1 となることを利用します。このように、2次曲線の問題では、計算処理が中心の、図形と方程式の分野と変わらないものも多く出題されます。**2次曲線の定義を利用するか、計算で処理するかをよく考えて問題にあたりましょう。**

◀ この話題（準円）は有名事実でよく出題されます。
重要ポイント 総整理！
❶を参照！
❷には、もう一つの有名事実（極線）について解説しました。こちらも参照しておきましょう。

解答 ....

(1) 接線の1つが y 軸と平行であるとき、図より $x=\pm2$ であるから
$$(X, Y)=(\pm2, \pm1)$$
（複号任意） ……①

それ以外のとき、P(X, Y) を通り傾き m の直線
$$y=m(x-X)+Y$$
が、楕円 C と接する条件は
$$x^2+4\{mx+(Y-mX)\}^2=4$$
$$(4m^2+1)x^2+8m(Y-mX)x+4(Y-mX)^2-4=0$$
の判別式を D とすると
$$\frac{D}{4}=16m^2(Y-mX)^2-4(4m^2+1)\{(Y-mX)^2-1\}$$
$$=16m^2(Y-mX)^2-(16m^2+4)\{(Y-mX)^2-1\}$$
$$=16m^2-4(Y-mX)^2+4=0$$
∴ $(4-X^2)m^2+2XYm+1-Y^2=0$ ……(*)

これが異なる2つの実数解をもつ条件は、判別式を D' とすると、$X\neq\pm2$ かつ
$$\frac{D'}{4}=(XY)^2-(4-X^2)(1-Y^2)>0$$
$$-4+4Y^2+X^2>0 \qquad \frac{X^2}{4}+Y^2>1 \text{（楕円の外部）}$$

このとき、(*)の解を m_1、m_2 とすると、2接線が直交する条件は、解と係数の関係から

◀ $x=k$ のタイプと $y=mx+n$ のタイプに場合を分けます。

◀ 垂直条件を利用するので、傾きを主役にしましょう！

◀ ここが消えるところがポイント！
経験がないと厳しいかもしれません。
（矢印注記）$16m^2(Y-mX)^2$

◀ 実は $m_1m_2=-1$ を利用するので判別式はいらないのですが……。
＼ちょっと／
一言 を参照！

$$m_1 m_2 = \frac{1-Y^2}{4-X^2} = -1 \qquad \therefore \quad X^2 + Y^2 = 5$$

◀ 傾きの積が -1 です。

以上より，①も含めて，求める軌跡は**円** $X^2 + Y^2 = 5$ である。

(2) (1)の結果より，楕円の中心と原点の

距離はつねに $\sqrt{5}$ であるから，楕円の

中心の描く軌跡は，**円** $x^2 + y^2 = 5$

$(1 \leqq x \leqq 2,\ y > 0)$ となる。

◀ 原点Oを(1)のPとみると
わかりますね。

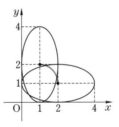

\ちょっと/
一言

実数係数の 2 次方程式 $ax^2 + bx + c = 0$ が虚数解または実数

の重解をもつとき，2 解は α，$\bar{\alpha}$ と表せます。このとき

$$\alpha \cdot \bar{\alpha} = |\alpha|^2 \geqq 0$$

となるので，2 解の積が負なら，異なる 2 つの実数解をもつこと

がわかります。

◀ 意外に盲点かもしれませ
ん。虚数解をもつときは，
つねに $\alpha \cdot \bar{\alpha} > 0$ です。

重要ポイント **総整理！**

1 《準円》

楕円 $\dfrac{x^2}{a^2} + \dfrac{y^2}{b^2} = 1$ の外部の点Pから，この楕円に引いた

2 本の接線が直交するような点Pの軌跡は

$$x^2 + y^2 = a^2 + b^2$$

となり，これを楕円の**準円**という。

ちなみに，双曲線 $\dfrac{x^2}{a^2} - \dfrac{y^2}{b^2} = 1\ (a > b > 0)$ の準円は

$$x^2 + y^2 = a^2 - b^2 \quad (\text{ただし，漸近線上の点を除く})$$

となる。

◀ 本問では，
$a^2 + b^2 = 2^2 + 1^2 = 5$ であ
っていますね。双曲線で
出題されることもありま
すが，導出法はほとんど
同じです。

◀ $\dfrac{x^2}{a^2} - \dfrac{y^2}{b^2} = 1\ (0 < a \leq b)$

のときは，外部の 1 点か
ら，この双曲線に引いた
2 本の接線が直交するよ
うな点は存在せず，準円
は存在しません。

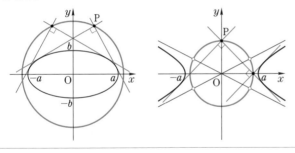

2《極線》

楕円 $\dfrac{x^2}{a^2}+\dfrac{y^2}{b^2}=1$ にその外部の

点 $P(p,\ q)$ から引いた2本の接線
の接点を Q, R とするとき

直線 QR は

$$\dfrac{px}{a^2}+\dfrac{qy}{b^2}=1$$

となり, P を**極**, 直線 QR を**極線**という。

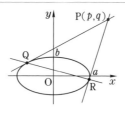

◀ 楕円の接線の方程式で, 接点を $P(p,\ q)$ に変えたものになっています。これは円, 双曲線でも同じなので, 是非証明して確認してみましょう。（証明もほとんど同じです。）

【証明】 $Q(x_0,\ y_0)$, $R(x_1,\ y_1)$ における楕円の接線はそれぞれ

$$\dfrac{x_0 x}{a^2}+\dfrac{y_0 y}{b^2}=1,\quad \dfrac{x_1 x}{a^2}+\dfrac{y_1 y}{b^2}=1$$

これらは $P(p,\ q)$ を通るから

$$\dfrac{px_0}{a^2}+\dfrac{qy_0}{b^2}=1,\quad \dfrac{px_1}{a^2}+\dfrac{qy_1}{b^2}=1$$

より, Q, R は直線 $\dfrac{px}{a^2}+\dfrac{qy}{b^2}=1$ 上にある。

---

xy 平面上に直線 $l:x=3$ と楕円 $C:\dfrac{x^2}{4}+y^2=1$ がある。

(1) 楕円 C 上の点 $(x_1,\ y_1)$ における接線の方程式は $\dfrac{x_1 x}{4}+y_1 y=1$ であることを示せ。

(2) 直線 l 上の点 $P(3,\ t)$ から楕円 C に引いた2本の接線の接点を Q, R とするとき, (1)で求めた接線の方程式を利用して, 線分 QR の中点 S の座標を t を用いて表せ。

(3) 点 P が直線 l 上を動くとき, 中点 S の軌跡を求めよ。　　　　　　　　（岩手大）

---

(2)では, 接線を主役にしてももちろん解けますが, Q, R を楕円と極線の交点とみると, 見通しがよいでしょう。

解答 (1) $\dfrac{x^2}{4}+y^2=1$ の両辺を x で微分すると

◀ 楕円の接線の証明です。

$$\dfrac{x}{2}+2yy'=0$$

これより, $y\neq0$ のとき, $y'=-\dfrac{x}{4y}$

よって, $y_1\neq0$ のとき, 点 $(x_1,\ y_1)$ における接線の方程式は

$$y=-\dfrac{x_1}{4y_1}(x-x_1)+y_1=-\dfrac{x_1}{4y_1}x+\dfrac{x_1{}^2+4y_1{}^2}{4y_1}\quad \cdots\cdots(*)$$

ここで, 点 $(x_1,\ y_1)$ は楕円 C 上にあるから

$$\frac{x_1{}^2}{4}+y_1{}^2=1 \qquad \therefore \quad x_1{}^2+4y_1{}^2=4$$

に注意すると，（＊）は

$$y=-\frac{x_1}{4y_1}x+\frac{1}{y_1} \qquad \therefore \quad \frac{x_1 x}{4}+y_1 y=1 \quad \cdots\cdots(\ast\ast)$$

$y_1=0$ のとき，接線は $x=\pm2$ となり，（＊＊）に含まれるから，題意は証明された。

(2) $\mathrm{Q}(x_1,\ y_1)$，$\mathrm{R}(x_2,\ y_2)$ における
楕円の接線はそれぞれ

$$\frac{x_1 x}{4}+y_1 y=1, \quad \frac{x_2 x}{4}+y_2 y=1$$

これらは $\mathrm{P}(3,\ t)$ を通るから

$$\frac{3}{4}x_1+ty_1=1, \quad \frac{3}{4}x_2+ty_2=1$$

より，直線QRは $\dfrac{3}{4}x+ty=1$ である。

◀ 極線の説明はつけた方がよいと思います。

楕円の方程式と連立して，x を消去すると

$$(4t^2+9)y^2-8ty-5=0$$

この2解が y_1，y_2 であるから，解と係数の関係を用いると

$$(\mathrm{S}\ の\ y\ 座標)=\frac{y_1+y_2}{2}=\frac{1}{2}\cdot\frac{8t}{4t^2+9}=\frac{4t}{4t^2+9}$$

直線QRの方程式に代入して

$$(\mathrm{S}\ の\ x\ 座標)=\frac{4}{3}\left(1-\frac{4t^2}{4t^2+9}\right)=\frac{12}{4t^2+9}$$

よって，$\mathrm{S}\left(\dfrac{12}{4t^2+9},\ \dfrac{4t}{4t^2+9}\right)$

◀ 極線を知っていれば，Q，Rは楕円と極線の交点であることがわかります。

(3) $\mathrm{S}(x,\ y)$ とおくと，(2)より

$$x=\frac{12}{4t^2+9} \quad \cdots\cdots① , \quad y=\frac{4t}{4t^2+9} \quad \cdots\cdots②$$

①，②より，$y=\dfrac{t}{3}x$

①より $x>0$ に注意し，$t=\dfrac{3y}{x}$ を①に代入して

$$x\left\{4\left(\frac{3y}{x}\right)^2+9\right\}=12 \qquad \therefore \quad 3x^2+12y^2-4x=0$$

以上より，点Sの軌跡は

楕円 $\dfrac{9}{4}\left(x-\dfrac{2}{3}\right)^2+9y^2=1$ ただし，原点を除く。

◀ 軌跡の問題です。$(x,\ y)$ とおいてパラメータを消去しましょう。その際，除外点に注意して同値変形します。

テーマ 39 | 極方程式(1)

  アプローチ

極座標 $(r,\ \theta)$ と直交座標 $(x,\ y)$ の間には

$$x = r\cos\theta,\ \ y = r\sin\theta,\ \ x^2 + y^2 = r^2$$

の関係があります。極方程式を $x,\ y$ の方程式に，$x,\ y$ の方程式を極方程式に直す場合は，これらの関係式を利用するか，図形的に処理するか，やりやすい方で処理しましょう。

◀ 極座標と直交座標の表記の変換の練習問題です。詳しい極座標の説明は **重要ポイント 総整理!** を参照！

解答

$$x = r\cos\theta,\ \ y = r\sin\theta,\ \ x^2 + y^2 = r^2$$

を用いると

(1)(i) $r\cos\theta = 1$ より，$\boldsymbol{x = 1}$

◀ OP の x 軸への影がつねに OH=1 です。

(ii) $r = 2\cos\theta$ より，$r^2 = 2r\cos\theta$

よって，$x^2 + y^2 = 2x$

$\therefore\ (\boldsymbol{x-1})^2 + \boldsymbol{y}^2 = \boldsymbol{1}$

◀ つねに
$OA\cos\theta = OP$
極方程式の図形的意味を確認しましょう。

(2)(i) $x + y = \sqrt{2}$ より

$r\cos\theta + r\sin\theta = \sqrt{2}$

$r(\cos\theta + \sin\theta) = \sqrt{2}$

$\therefore\ \boldsymbol{r\cos\left(\theta - \dfrac{\pi}{4}\right) = 1}$

◀ $r\sin\left(\theta + \dfrac{\pi}{4}\right) = 1$
でも，オッケーです。

別解 直線上の点を P，O から直線に下ろした垂線を OH とすると，図において

$$OP\cos\left|\theta - \frac{\pi}{4}\right| = OH\ (一定)$$

より，$\boldsymbol{r\cos\left(\theta - \dfrac{\pi}{4}\right) = 1}$

◀ OP の影がつねに垂線の長さ OH になります。直線は影が一定で捉えます。

(ii) $x^2 + y^2 + 2x = 0$ より，$r^2 + 2r\cos\theta = 0$

$r(r + 2\cos\theta) = 0$ $\therefore\ r = 0,\ -2\cos\theta$

よって，$\boldsymbol{r = -2\cos\theta}$ ($r = 0$ はこれに含まれる)

別解 円上の点を P とすると，図において

$$OA\cos(\pi - \theta) = OP\ より$$

$$\boldsymbol{r = -2\cos\theta}$$

◀ 直径をうまく使いましょう。

重要ポイント 総整理！

① 《極方程式のイメージ》

平面上の点 $P(x, y)$ は，原点 O からの距離 r と，半直線 OP と x 軸の正の向きとのなす角 θ で決まります。この θ を P の**偏角**といい，O を**極**，(r, θ) を P の**極座標**，(x, y) を P の**直交座標**といいます。

極座標と直交座標は

$$\begin{cases} x = r\cos\theta \\ y = r\sin\theta \end{cases} \iff (x, y) = r(\cos\theta, \sin\theta)$$

で関係付けられます。このとき

$$r = f(\theta) \quad または \quad g(r, \theta) = 0$$

のような r と θ の間の関係を表す方程式を**極方程式**といいます。

極方程式は，θ の変化にともなって，原点 O からの距離がどのように変わるかを表しています。以下，例を挙げてみますので，イメージをつかんでください。

① $r = e^{-\theta}$ なら，$(x, y) = \underbrace{e^{-\theta}}_{r\text{の変化}} \underbrace{(\cos\theta, \sin\theta)}_{\text{回転担当}}$ ……(*)

$r = e^{-\theta}$ は減少関数なので，点 (x, y) は反時計回りに回りながら，どんどん原点に近づいていくのがわかります。

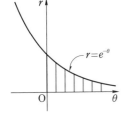
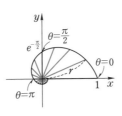

② $\theta = \dfrac{\pi}{4}$ なら

$$(x, y) = r\left(\cos\frac{\pi}{4}, \sin\frac{\pi}{4}\right)$$

$$= \frac{r}{\sqrt{2}}(1, 1)$$

よって，r が実数全体を動くと，原点を通り，方向ベクトルが $(1, 1)$ の直線 $y = x$ を表します。

◁ このようなイメージを持っていれば，だいたいの図がかけます。(この感覚は大事です。)
極方程式が与えられたときは，(*)の式を作りましょう。正確な図をかいたり，面積を求めたりする場合は，x, y の式にするか，パラメータ曲線として扱えばよいので，安心してください。

◁ 偏角が一定のときは直線です。

◁ $(x, y) = t(1, 1)$

③ $r<0$ の場合はどうでしょう。

例えば，$r=-1$ とすると

$$(x,\ y)=-(\cos\theta,\ \sin\theta)$$

これは，$(\cos\theta,\ \sin\theta)$ の逆ベクトルなので，偏角が $\theta+\pi$ である点を意味します。

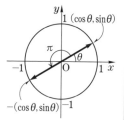

$r<0$ のときは，偏角が $\theta+\pi$ の点を表す！

ことに注意しましょう。

◀ $r<0$ のときは逆ベクトルです。反対側にいきます。実は②でも使っています。

＼ちょっと／

━言

　極方程式の問題では，$(x,\ y)=r(\cos\theta,\ \sin\theta)$ の形をイメージしましょう！

　処理がしにくい場合は，パラメータ曲線として扱いましょう！

❷ 《極方程式を読み取る》

$$x=\sqrt{\cos 2t}\cos t,\quad y=\sqrt{\cos 2t}\sin t\ \left(-\dfrac{\pi}{4}\leqq t\leqq\dfrac{\pi}{4}\right)$$

と媒介変数 t で表される曲線を C とする。

(1) 曲線 C 上の点 $(x,\ y)$ における y の最大値と，そのときの x を求めよ。

(2) 曲線 C で囲まれた図形の面積を求めよ。

(北海道大)

$(x,\ y)=\sqrt{\cos 2t}\,(\cos t,\ \sin t)$ とみれば，極方程式

$r=\sqrt{\cos 2t}\ \left(-\dfrac{\pi}{4}\leqq t\leqq\dfrac{\pi}{4}\right)$ が浮かび上がります。

この動きを考察すれば，下の図のような動きになることがわかります。

◀ このように読み取れるとイメージがつかみやすくなります！

◀ $t=0$ のとき原点から最も遠く，$t=\pm\dfrac{\pi}{4}$ のとき原点になります。
$y=x$ と $y=-x$ の間に収まります。

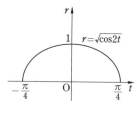

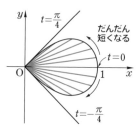

読み取れない場合は，パラメータ曲線として処理することになります。

解答 (1) $y=\sqrt{\cos 2t}\sin t\ \left(-\dfrac{\pi}{4}\leqq t\leqq\dfrac{\pi}{4}\right)$

$$y' = \frac{-2\sin 2t}{2\sqrt{\cos 2t}}\sin t + \sqrt{\cos 2t}\cos t$$

$$= \frac{-\sin 2t \sin t + \cos 2t \cos t}{\sqrt{\cos 2t}} = \frac{\cos 3t}{\sqrt{\cos 2t}}$$

◀ 加法定理でまとめます。

ここで，$-\dfrac{\pi}{4} \leqq t \leqq \dfrac{\pi}{4}$ より，$-\dfrac{3}{4}\pi \leqq 3t \leqq \dfrac{3}{4}\pi$ であるから，

$\cos 3t = 0$ となるのは，$3t = \pm\dfrac{\pi}{2}$　∴　$t = \pm\dfrac{\pi}{6}$

t	$-\dfrac{\pi}{4}$	$\cdots$	$-\dfrac{\pi}{6}$	$\cdots$	$\dfrac{\pi}{6}$	$\cdots$	$\dfrac{\pi}{4}$
y'		$-$	0	$+$	0	$-$	
y	0	$\searrow$		$\nearrow$		$\searrow$	0

よって，$t = \dfrac{\pi}{6}$ で**最大値** $\dfrac{\sqrt{2}}{4}$ をとる。このとき，$x = \dfrac{\sqrt{6}}{4}$

である。

(2) $(x, y) = \sqrt{\cos 2t}(\cos t, \sin t)$ より，C の極方程式は

$r = \sqrt{\cos 2t}\ \left(-\dfrac{\pi}{4} \leqq t \leqq \dfrac{\pi}{4}\right)$ となるので，グラフは下の図のようになる。

◀ 読み取れなければ，$\dfrac{dx}{dt}$，$\dfrac{dy}{dt}$ の符号を調べてグラフをかき，パラメータ積分で面積を求めます。今回は極方程式の面積公式を使いました。
\ちょっと/
一言 を参照！

したがって，求める面積を S とすると

$$S = \int_{-\frac{\pi}{4}}^{\frac{\pi}{4}} \frac{1}{2}r^2\,dt$$

$$= \frac{1}{2}\int_{-\frac{\pi}{4}}^{\frac{\pi}{4}} \cos 2t\,dt$$

$$= \int_{0}^{\frac{\pi}{4}} \cos 2t\,dt$$

$$= \left[\frac{1}{2}\sin 2t\right]_{0}^{\frac{\pi}{4}} = \frac{1}{2}$$

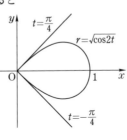

\ちょっと/
一言

〈極方程式で囲まれる面積〉

$$S = \int_{\alpha}^{\beta} \frac{1}{2}r^2\,d\theta$$

◀ 知っておくと便利です。

微小面積 ≒ $\dfrac{1}{2}r^2\,d\theta$
を足し集める。

$r = f(\theta)$

テーマ **40** 極方程式(2)

40 アプローチ

角度と長さが主役の問題は極座標が向いています。焦点 F を極，$|\overrightarrow{FA}|=r$ として，放物線の極方程式を考えましょう。AC⊥BD なので，$|\overrightarrow{FB}|$，$|\overrightarrow{FC}|$，$|\overrightarrow{FD}|$ は，それぞれ偏角が $\theta+\dfrac{\pi}{2}$，$\theta+\pi$，$\theta+\dfrac{3}{2}\pi$ となります。

解答

(1) $y^2=4px$ の焦点は F$(p, 0)$，準線は $x=-p$ である。A から準線，x 軸に下ろした垂線をそれぞれ AH，AT とし，AF$=r$ とおくと，右の図より

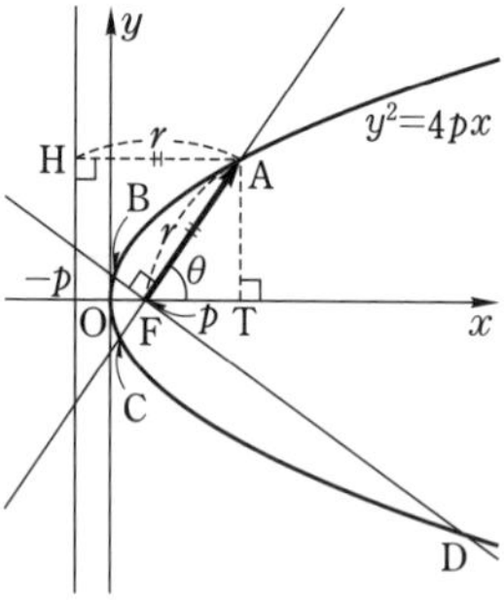

$$AH=2p+FT$$
$$=2p+r\cos\theta$$

放物線の定義から，AH$=$AF$=r$ であるから

$$r=2p+r\cos\theta$$

$0<\theta<\dfrac{\pi}{2}$ より，$\cos\theta \neq 1$ であるから

$$r=\frac{2p}{1-\cos\theta}$$

よって，**AF**$=\dfrac{2p}{1-\cos\theta}$

◀ 放物線の定義を利用して，図形的に考えてみます。計算でやる場合は

ちょっと
一言 を参照！

(2) F を極としたとき，動径 FB，FC，FD の偏角はそれぞれ

$$\theta+\frac{\pi}{2}, \ \theta+\pi, \ \theta+\frac{3}{2}\pi$$

であるから

$$BF=\frac{2p}{1-\cos\left(\theta+\frac{\pi}{2}\right)}=\frac{2p}{1+\sin\theta}$$

$$CF=\frac{2p}{1-\cos(\theta+\pi)}=\frac{2p}{1+\cos\theta}$$

$$DF=\frac{2p}{1-\cos\left(\theta+\frac{3}{2}\pi\right)}=\frac{2p}{1-\sin\theta}$$

◀ B, C, D は偏角を $\dfrac{\pi}{2}$ ずつ進めたものになっています。

よって

$$\frac{1}{\mathrm{AF\cdot CF}}+\frac{1}{\mathrm{BF\cdot DF}}$$

$$=\frac{1-\cos\theta}{2p}\cdot\frac{1+\cos\theta}{2p}+\frac{1+\sin\theta}{2p}\cdot\frac{1-\sin\theta}{2p}$$

$$=\frac{\sin^2\theta+\cos^2\theta}{4p^2}=\frac{1}{4p^2}$$

となり，θによらず一定である。

＼ちょっと／ 一言

(1)を計算で求めると，$r>0$ として

$$\overrightarrow{\mathrm{OA}}=\overrightarrow{\mathrm{OF}}+\overrightarrow{\mathrm{FA}}$$

$$=(p,\ 0)+r(\cos\theta,\ \sin\theta)$$

$$=(p+r\cos\theta,\ r\sin\theta)$$

$y^2=4px$ に代入して

$$r^2\sin^2\theta=4p(p+r\cos\theta)$$

$$r^2(1-\cos^2\theta)=4p(p+r\cos\theta)$$

$$(1-\cos\theta)(1+\cos\theta)r^2-4p\cos\theta\cdot r-4p^2=0$$

$$\{(1-\cos\theta)r-2p\}\{(1+\cos\theta)r+2p\}=0$$

◀ Fを極とする極方程式を考えるので，
$\overrightarrow{\mathrm{FA}}=r(\cos\theta,\ \sin\theta)$
とおきます。

◀ 因数分解します。

$p>0$ であるから

$$r=\frac{2p}{1-\cos\theta}>0$$ より，こちらはA ……①

$$r=\frac{-2p}{1+\cos\theta}<0$$ より，こちらはC ……②

を表しています。今回は $r>0$ の方なので①の式を採用しますが，放物線の極方程式と考えた場合は，どちらも正しい式で，②は①の偏角を π 進めた式になっています。

重要ポイント 総整理！

極Oからの距離と直線 $l:x=-a\ (a>0)$ からの距離の比が $e:1\ (e>0)$ である点Pの軌跡Cの極方程式は

$$r=\frac{ea}{1-e\cos\theta}$$

と表せます。

◀ 本問は $e=1$ の場合です。

35 の 重要ポイント 総整理！ 2 によれば

　$0<e<1$ のとき，楕円

　$e=1$ のとき，放物線

　$e>1$ のとき，双曲線

◀ $x=r\cos\theta$,
$y=r\sin\theta$,
$x^2+y^2=r^2$
を用いて $x,\ y$ の方程式に変換すれば，分類可能です。

になります。2次曲線では，焦点を極にとるとシンプルな極方程
式になります。

〈楕円の極方程式〉

楕円 $\dfrac{x^2}{25}+\dfrac{y^2}{16}=1$ の焦点のうち x 座標が正であるものを F とし，F を通る直線と楕円の交点を A，B とする。このとき，次の問いに答えよ。

(1) ベクトル $\overrightarrow{\mathrm{FA}}$ が x 軸の正の向きとなす角を θ とするとき，$\mathrm{FA}=\dfrac{16}{5+3\cos\theta}$ となることを示せ。

(2) $\dfrac{1}{\mathrm{FA}}+\dfrac{1}{\mathrm{FB}}=\dfrac{5}{8}$ であることを示せ。

　楕円の極方程式を作る場合は，図形的に考えましょう。定義を利用して，△AFF′ で余弦定理を使います。

◀ **40** の問題と同様に計算でもできます。

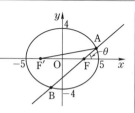

解答 (1) 焦点は

$\mathrm{F}(3,\ 0),\ \mathrm{F}'(-3,\ 0)$

$\mathrm{AF}=r$ とおくと，楕円の定義より

$\mathrm{AF}+\mathrm{AF}'=10$

◀ 定義を利用します。

∴ $\mathrm{AF}'=10-r$

よって，△AFF′ で余弦定理より

$\mathrm{AF}'^2=\mathrm{AF}^2+\mathrm{FF}'^2-2\mathrm{AF}\cdot\mathrm{FF}'\cos(\pi-\theta)$

$(10-r)^2=r^2+6^2+2\cdot r\cdot6\cos\theta$

$100-20r=36+12r\cos\theta$

◀ 厳密には
$0\leqq\theta\leqq\pi$ のとき
　∠AFF′$=\pi-\theta$
$\pi\leqq\theta\leqq2\pi$ のとき
　∠AFF′$=\theta-\pi$ です。

$(5+3\cos\theta)r=16$　∴　$\mathrm{FA}=r=\dfrac{16}{5+3\cos\theta}$

(2) 右上の図より，FB は偏角を $\theta+\pi$ として

◀ Bは偏角を π 進めます。

$\mathrm{FB}=\dfrac{16}{5+3\cos(\theta+\pi)}=\dfrac{16}{5-3\cos\theta}$

$\dfrac{1}{\mathrm{FA}}+\dfrac{1}{\mathrm{FB}}=\dfrac{5+3\cos\theta}{16}+\dfrac{5-3\cos\theta}{16}=\dfrac{5}{8}$

角度と長さが主役の問題は，極座標の利用を考えます。
